现 代 科 普 博 览 丛 书

动物之美与人类情感

DONGWU ZHIMEI YU RENLEI QINGGAN

罗伟 编

黄河水利出版社
·郑州·

图书在版编目(CIP)数据

动物之美与人类情感/罗伟编.—郑州:黄河水利出版社,2016.12

(现代科普博览丛书)

ISBN 978-7-5509-1480-3

Ⅰ.①动… Ⅱ.①罗… Ⅲ.①动物-关系-人类-青少年读物 Ⅳ.①Q958.12-49

中国版本图书馆CIP数据核字(2016)第175719号

出版发行:黄河水利出版社

社　　址:河南省郑州市顺河路黄委会综合楼14层

电　　话:0371-66026940　　邮政编码:450003

网　　址:http://www.yrcp.com

印　　刷:三河市众誉天成印务有限公司

开　　本:710mm × 1000mm　　1/16

印　　张:10.75

字　　数:160千字

版　　次:2017年2月第1版　　2018年9月第2次印刷

定　　价:24.80元

目 录

动 物 的 起 源

　　动物分为哺乳动物、爬行动物和昆虫等。

　　最古老的哺乳动物是一种体型较小、长约12厘米、类似鼩鼱的动物,接近于今天的单孔类,它们最早出现在距今约2.2亿年的三叠纪。它们是3亿年前被称为单孔类爬行动物的后裔。这些原始的哺乳动物在侏罗纪和白垩纪(2.08亿年前至6500万年前)进化为不同的类群。绝大多数早期哺乳动物是肉食性的,但也有一些以植物为食,如鼠、河狸等生活在树上的多节类动物。今天的有袋类、食虫类和灵长类动物最早出现在白垩纪(1.45亿年前至6500万年前)。恐龙在白垩纪末期灭绝后,这些更加现代的哺乳动物扩散至每一块大陆,进化为数以千计的新物种。

　　大多数作为宠物的动物,如狗、猫和兔子,以及我们劳动中使用的役畜,如马,都是哺乳动物。我们人类也属于哺乳动物。哺乳动物属于脊椎动物,它们都有脊椎骨。它们也是温血动物,这意味着不管周围的环境多冷或多热,它们都有恒定的体温。全世界约有4000种哺乳动物,它们大多数体表长有毛。除鸭嘴兽和针鼹外,所有的哺乳动物都通过胎生直接产下幼崽。与其他动物不同的是,它们的幼崽都靠母乳喂养长大。哺乳动物由爬行动物进化而来,爬行动物有多块下颌骨,而哺乳动物只有1块。

　　爬行动物在地球上已存在了数亿年,它们的祖先是既住在陆地又住在水里的两栖动物。然而,和它们的祖先不同,爬行动物有粗厚的皮和带壳的蛋。这些适应性的变化使它们能够离开水,进化成能在多种环境中生活的各种动物。目前存在的爬行动物有四目,分别是龟鳖目(陆龟与海龟),鳄目(尖吻鳄、短吻鳄、宽吻鳄、长吻鳄),喙头目(斑点楔齿蜥)和有鳞目(蜥蜴与蛇)。它们身体的大小不同,结构不同,但有相同的特征。它们通常在陆地上栖息,都属于脊椎动物(有骨质骨骼与中央脊柱)。它们皮肤上的甲板或鳞片能保护它们免受猎食动物和粗糙地面的伤害。爬行动物是冷血动物,要靠太阳和温暖的地面来使它们的身体暖和。

最早的两栖动物在大约4亿年前从水中上岸,移栖陆地,但它们仍在水里生产胶冻状的卵。大约在3亿年前的石炭纪,一些动物进化产出有防水外壳的卵,能保护成长中的胚胎,使它们不至于因干燥而死亡。从这样的蛋中孵出的幼崽在陆地存活的几率较高,新的物种随之开始进化出现。最早的已知爬行动物是样子像小蜥蜴的林蜥,在这之后出现的则有翼龙、蛇颈龙、恐龙、蜥蜴、蛇、鳄、龟和斑点楔齿蜥,它们生活在爬行动物时代(2.5亿年前至6500万年前)。恐龙称霸世界1.5亿年后灭绝,但今天的爬行动物的祖先却存活下来,进化成数千种爬行动物。

昆虫是生物界最成功的创造物之一。它们最早出现于4亿年前,然而,从蜻蜓的化石标本可以发现,它们到今天几乎没有什么改变。目前被确认的昆虫已超过100万种,这意味着它们在数量上超过了其他动物种类的总和。随着发现的不断深入,甚至有科学家认为昆虫的总数可能高达1000万种。导致昆虫物种数量巨大的原因是多方面的,但最重要的是它们的体量大小。昆虫长得小,供养单体只需极少量的食物,而且它们的食谱很杂,包括木头、树叶、血以及其他昆虫。它们生活的范围很广,飞行能力和对艰苦环境的适应能力也有助于它们生存。一些沙漠昆虫可以忍受40℃的高温,也有不少昆虫的卵可以在0℃以下温度很低的环境中存活。

昆虫属于节肢动物。所有节肢动物都有坚硬的用于保护的体壳或叫外骨骼。覆盖着整个身体的外骨骼由分开的体节构成,体节之间有可弯曲的关节连接。节肢动物的肌肉附着在外骨骼的内侧，它们通过拉开体节使身体移动。昆虫的身体分为头、胸、腹3个基本的部分。成虫的头部有1对触角、眼以及1套口器，胸部有3对足和通常为两对的翅。腹部有昆虫的消化系统、生殖器官，对于能够螫刺的昆虫，其腹部还有螫针。昆虫的外骨骼由一种很像天然塑料的物质——几丁质构成，上面通常覆盖着蜡状物质以防昆虫脱水。

生 死 缘

　　在文明发展的过程中，人类逐渐意识到动物的重要性。对野生动物的乱捕滥猎和横加杀戮，不但是对环境的破坏，而且最终也将毁灭自己。人与动物和谐相处，保持生态平衡，已成为人类所追求的目标。审视千百年来人类与动物的关系，探索动物在大自然中的命运和地位，促使人们进行更深层次的思考，思考的结论只有一个，那就是人类必须保护动物。

　　李文清是一位归国老华侨，早年在英国学医，获博士学位。1961年，他辞别英国的妻小，孤身返回祖国，在南京某大医院任职，享受专家待遇。

　　李博士喜好清静，在城外租了一家小院，过着独居的生活。院内有一棵大枣树，每到中秋时节，树上结满了大红枣。院旁住着一家姓梁的邻居梁木天，他有个儿子叫梁波。梁波刚过10岁，顽皮淘气，他见枣树上果实累累，馋得直流口水，便爬上墙头，抓住树枝，偷摘红枣吃，恰被李博士发现，遭到训斥。梁木天见此，本应过去说说自己的孩子，但不讲道理的他竟找上门来，与李博士大吵大闹。从此两家结下了冤仇，梁木天父子耿耿于怀，时时

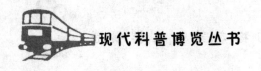

寻机报复。

李博士每天上下班由医院派车接送，司机小吴和他的关系很融洽。在几年的交往中，小吴和他结下了深厚的友谊。

这天下班，轿车行至南京路，李博士见道旁有一群孩子围在水坑边。他探身细看，见水坑内有一只幼猴在濒死挣扎。他顿起怜悯之心，急唤小吴停车。他上前询问，一个孩子告诉他，这猴子的肠子烂了，被一个耍猴的丢在这儿了。接着孩子们央求道："老爷爷，您救救它吧！它快死了。"

在孩子们的央求下，李博士脱掉皮鞋，挽起裤腿，下到水坑去打捞病猴。不料坑坡泥软，他脚下一滑，扑通一声跌入水坑，弄得西装沾满泥污。在小吴和孩子们的帮助下，他手抱病猴爬上水坑。

为了抢救这只病猴，他让小吴立刻开车返回医院。他亲自给病猴做了截肠手术，并带回家中疗养。十几天后，病猴拆线了。又过了半月，猴子身体痊愈，蹿跃自如。这只猴子是只猕猴，上身皮毛发灰，下身发黄，微红的面颊上有两只忽闪忽闪的大眼睛，非常可爱。从此，这只猴子就和李博士生活在一起，成了他的伙伴。李博士见它整天欢蹦乱跳，就给它起了名字，叫"阿乐"。

1966年夏天，"文化大革命"开始了，一场灾难降临到李博士的头上。他被打成了反革命，并被贬为清洁工。

这时，邻居梁木天见报复的时机到了，他在街道上组织了一支"红色造反队"。一天早晨，他率领一伙人抄了李博士的家，将李博士双臂反绑，押在街门口，进行批判。批斗完后，梁木天的儿子梁波领来10余名光头红卫兵，他们蜂拥而上，手持皮带抽向李博士。李博士虽皮开肉绽，但脸上毫无畏色。

正在这时，枣树上的阿乐突然跳了下来，它跪在打手面前，向打手频频作揖，口中发出哀哀之声。打手们吃惊不小，纷纷向后倒退。梁波上前抬脚就踢，阿乐躲闪不走，他又举棍驱打，阿乐此时大怒，蹿扑跳跃，以利爪锐齿进行反击。不大工夫，梁木天父子和几名打手都被它抓伤咬伤。

红卫兵以乱棒合围,阿乐纵身蹿到树上,摘下青枣打向红卫兵,青枣屡屡打中秃头。梁木天气急败坏、声嘶力竭地喊道:"梁波,快回家拿火枪,打死它!"

梁波取来火枪,李博士见阿乐危险,挣扎着冲过去,哀声呼喊:"阿乐快逃!快逃啊!"阿乐闻声望了李博士一眼,仿佛听懂了什么,转身迅速逃走。

梁波见阿乐逃走,气得用枪托戳李博士,李博士被戳倒在地。这时阿乐又返回来,跳到房顶上掀起一片瓦砸向梁波。阿乐到底力气有限,瓦块落在梁波脚前。梁波举枪瞄准,只听"砰"的一声枪响,阿乐哀叫一声,中弹坠地。阿乐坠地后,强挣着站起来,它浑身上下已血肉模糊。它怒睁二目,跌跌撞撞地向梁波扑过来,吓得梁波步步后退。这时阿乐惨嘶几声,终于倒在地上。目睹惨状的李博士气血攻心,只觉眼前一黑晕了过去。

傍晚,李博士苏醒过来,睁眼一看,见躺在自己的床上,小吴服侍在床前。"李老,您可醒了。"小吴紧握着他的手,轻声地说。

"小吴,阿乐它怎么样了?"

"您今天没上班,我放心不下,下了班,就赶紧来看您。见您晕倒在地,阿乐它……"小吴话到此,哽咽住了。

他挣扎着坐了起来,痛苦地问:"阿乐的尸体呢?"

"我把它装殓在一个小木箱里。"小吴凄声地答道。

夜晚,小吴扛着小木箱,搀扶着李博士,李博士手持铁锨。二人来到野外,将阿乐埋在野地里,垒了个小坟头。想起它往日欢蹦乱跳的情景,想起它给家里增添的欢乐,再想想今天它奋不顾身抢救自己的行为,李博士热泪不禁夺眶而出。他默默地为这失去的小伙伴致哀。

良久,李博士仰天长叹一声:"唉!阿乐啊,你如果在天有灵,会看到恶人一定有恶报!"

此话真让李博士说中了。梁木天的脸被阿乐抓伤后,伤口受

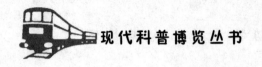

了感染,一直不见好,没过半年,便一命呜呼了。

不久后的一天,梁波扛着火枪到野外打兔子,不料枪管后座走火爆炸,轰隆一声响,右手腕被炸断右眼被炸瞎,落了个终身残废。

相伴生死路

狼在人们的印象中是残忍凶狠、好杀嗜血的动物。其实它对自己的伴侣绝对的忠诚,终身严守着一夫一妻制,并对子女绝对的慈爱。人们在研究中发现狼和人类的性格是最相似的。

一天,老猎人布朗带着他的6条猎狗到山上捕猎。转悠了大半天,他只捕到了几只山鸡和两只野兔。他正准备下山,忽然在荒草丛生的乱石沟边发现了一对狼狈,那狼是灰色的,狈是黄色的。

狼本是凶残的动物,有强健的身体,现在它又把狈驮在自己身上,和狈狡诈的头脑合二为一。这样一来,连猎人恐怕也束手无策了。

一声唿哨,6条猎狗像拉开的一张网,撒下山坡。狼和训练有素的猎狗奔跑的速度差不多快,但此刻狼驮着狈,如同背了一个包袱,速度明显比不上猎狗,彼此的距离越来越短。不一会儿,狗群追了上来,把狼和狈团团围了起来。

两条猎狗在正面与狼激烈撕咬,一条白狗绕到狼背后,一口咬住狈的后腿,把它从狼的背上拉下来。三条猎狗立即围了上去,你一口我一口,毫不留情地对狈进行攻击。狈寡不敌众,眨眼间,肩胛、脊背和后胯就被狗咬破,浑身都是血。它直起脖子,"嗷嗷"地嗥叫着,向狼求救。

这时的狼陷在三条狗的包围圈里，但它勇猛善战，咬断了一条黄狗的前腿，它自己的一只耳朵却成了那条大花狗的战利品。听到狽的求救，它不顾一切地冲出包围圈，向狽赶来。狗们则紧跟在它的屁股后面，有的咬腿，有的咬屁股，大花狗却一口咬住了那条又粗又长的狼尾巴，坚决不让狼靠近狽。

这时，只听狼狂嗥一声，猛地向被包围的狽冲去。突然，狼的尾部爆出一团血花，是它的尾巴被大花狗咬断了。但它好像不知道疼，闪电般地扑翻了两条猎狗，冲到狽身边，趁狗群混乱之际，重新驮起狽向一片荒地仓皇逃窜。这当然是徒劳的，才几秒钟工夫，猎狗们又凶猛地追了上来，狼转身迎战，一蹦，狽就从它背上"咕咚"滚了下来。原来，狽负了很重的伤，它没有力气在狼背上骑稳。狼用身体挡住大花狗，扭头朝狽叫了两声，用意是让狽赶快逃命，它在后面掩护。狽拱动着身体，歪歪扭扭地向那片荒地跑去。它的速度实在太慢了，一会儿，狗群就追上来，兵分两路，又把狼和狽分割包围起来。

此刻，狼要是撇下狽是完全有可能死里逃生的，它虽然断了一条尾巴，但没受致命伤，而且包围它的三条狗畏惧它的勇猛和野性，不敢靠近它，很容易冲开缺口。

果然，狼瞄准最弱的一条狗猛扑上去，利索地一口咬断了它的脖子，其他狗被震慑住了，都停止了攻击。狼乘机突出重围，飞快地向远处逃去。

狽那里，包围圈越缩越紧，三条狗扑到狽身边，拼命撕咬。狽躺在地上，浑身鲜血淋漓，嘴巴一张一合，发出了一声声哀号："嗷——"已经逃到远处的狼触电似的停住了脚步……"嗷——嗷——"狽那如泣如诉的哀号声从远处传来……

狼猛地回过身，正在此时，大花狗已追赶到它身后，一爪子把狼的一只眼睛抠了出来，像玻璃球似的吊在眼眶处。狼凄凄地嗥叫一声，仍奋不顾身地朝狽所在的位置冲去。狗们蜂拥而上，乱扑乱咬。一眨眼，狼就满身是伤，被狗扑倒在地上，可它仍顽强地

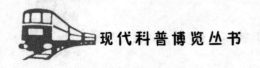

朝狈爬去,爬了二三十米,在地上"拖"出一条长长的血迹……

这时,老猎人走了过来,围着满身血污的狈看了看,他发现狈的肚子鼓鼓囊囊的,这畜生肯定是怀崽了,并且肚子还一跳一跳地在抽搐,想是里头的生命还没死,还在顽强地蠕动着。

他仔细一看,大吃一惊,只见这条黄狈尖尖的嘴,蓬松的尾,竖立的耳,这分明就是一条狼。再看那双短短的前腿,没有脚爪,露出骨头。很明显,这不是一双天生的短腿,而是一双残疾腿。他突然想起,自己的捕兽铁夹曾经夹住过两只狼爪……

三个月前,老猎人布朗在波依山上放了一副捕兽铁夹,过几天去收时,发现铁夹已被碰倒了,夹子里夹着两只黄毛狼爪。由此看来,事情大概是这样的:灰公狼和黄母狼住在森林里,母狼怀孕了,它们相亲相爱。日子过得很甜美。有一天,母狼肚子饿了,出去找食,不小心被猎人暗设的捕兽夹子夹住了前腿。为了逃生,它只得咬断了自己的腿。灰公狼没有嫌弃自己的"妻子",它把已无法行走的"妻子"背在身上,恩爱相助,跋山涉水,风风雨雨,至死不渝。

打了一辈子猎的布朗被这对情深义重的狼深深感动了。他挖了一个很深的坑,先把灰公狼抱下去,再抱起黄母狼,让它骑在灰公狼的背上,两只残废的前爪紧紧搂住灰公狼的脖子,两张脸亲昵地相偎在一起。他认为这个姿势,不管是生是死,是人是兽,都是很美丽的。

最后的悲鸣

在人类为爱情饱受千般摧折、万种磨难之后,似乎所有的爱情都会回到一个最原始的追问:爱情真有这么复杂吗?看吧!那些猪、那些鸡,是多么的幸福呀!这种羡慕显而易见是对自己产生怀疑的第一步,紧接着的问题是:真有必要把爱情宣扬得那么复杂,以至于我们都深陷其中不能自拔吗?一些自觉的独身主义者所做的最有益的尝试表明:爱情实在是对人类智力的一种磨难和摧残!所以,动物的爱情才会那么稳定,而经历了种种爱情变故的人才会变得对一切简单的东西都怀疑起来。

在挪威沿海山区的边缘,有一个被叫做天鹅湖的地方,这里湖光山色,风景秀丽。每年春风吹拂之时,湖面解冻,一群群天鹅就会回到这里度夏,它们双双对对,浮游在平静的湖面上,时而把头探入湖水,拨水沐浴,时而伸长颈项,引吭高歌。它们生机勃勃地生活在湖面上,给湖面增添了无限生机,正因为有了它们,这个湖也被称为"天鹅湖"。

一天早晨,浮标看守人尼吉塔在捕鱼时朝对岸看了一眼,突然惊呆了:在朝霞映照下的湖面上,有两只洁白如雪的大鸟在静悄悄地徐徐游动;它们长着长长的脖颈,美丽得像从神话世界飞来的两只仙鹤。

"啊,天鹅!"尼吉塔惊奇极了。尽管他见过不少天鹅,但却似乎从未见过如此美丽的天鹅,他情不自禁地赞美起来。

从这天起,尼吉塔每天都看见这两只天鹅。它们在森林里定居下来,在一个浮岛上筑了个窝。不久,母天鹅下了几个很大的浅黄色的天鹅蛋。

这时,别的鸟都不敢靠近这个浮岛。野鸭只要一落到附近的水面,公天鹅就会凶猛地冲上前,不速之客只好仓皇飞走。

不久,尼吉塔看见它们孵出了4只小天鹅,又看见它们温文尔雅地教小天鹅觅食。当小天鹅长得有大野鸭那么大时,它们全家又搬到一条通湖的小河里去了。

将近两个星期,尼吉塔一直没有见到那几只美丽的天鹅。又过了一段时间,一天,森林上空忽然又响起了天鹅的叫声。尼吉塔冲出小屋,只见那一家子6只天鹅全都在湖上盘旋,沐浴在灿烂的阳光中。他久久地欣赏着这些骄傲端庄的天鹅，分不清哪些是老天鹅，哪些是小天鹅。

渐渐地，树叶开始发黄，北风越刮越烈。森林上空不断传来一阵阵候鸟南飞的鸣叫声。

一天，小岛上的6只天鹅也纷纷展翅南飞了。它们先在湖面上盘旋一周，然后直插云霄。尼吉塔向它们挥挥手说："一路平安!"

忽然尼吉塔发现，有两只天鹅先后离开了队伍，它们慢慢盘旋着，渐渐向森林上空降落。当它们降到水面上时，尼吉塔认出来了，这是两只老天鹅。它们为什么又回来呢?这件怪事一直萦绕在尼吉塔的脑海里。他不禁替这两只天鹅担心起来，冬天的挪威多冷啊，要是它们不肯南飞，冰天雪地的日子恐怕很难熬过。

最使尼吉塔惊奇的是，这两只天鹅看来确实不想飞到南方去了。森林里的候鸟越来越少，天鹅却若无其事地在小岛周围游来游去，遇到刮风下雨的天气，它们就躲避在芦苇丛里。

最后一批大雁也飞走了，湖边结起了薄冰。两只天鹅只得搬到了小河口，因为那儿的河水湍急，从不封冻。但它们一直冷得蜷缩着身子，一副无精打采的样子。

一场突如其来的寒流打乱了尼吉塔的计划。这一年的冬季来得特别早，第一场大雪跟着北冰洋的寒流从天而降，呼呼的北风呼啸了一夜，棉絮般纷纷扬扬的大雪也飘了一夜。第二天一早，担心了一夜的尼吉塔推开门，眼前已是白茫茫一片，天鹅湖冻起了厚厚的一层冰，冰上的雪也很厚。

他连早饭都顾不上吃，立即来到芦苇丛中那对天鹅的藏身之处，结果被眼前的景象惊呆了：枯萎的芦苇已经被雪压倒，只有一丛灌木还披着雪装挺立在雪地中，灌木丛里有一堆雪，模模糊糊可以辨得出来那就是可怜的天鹅，它们紧紧地靠着，两根长长的脖子伸出雪堆，交叉着贴在一起，仿佛在互相鼓励，又像是在诉说着对蓝天的热爱。尼吉塔擦了擦眼睛，喃喃地对那一对死去的天鹅说:"咳,我来迟了一天,你们就这样度过了最后一个冬天。"

新年到了,村里一年一度的冰雕比赛开始了。这天尼吉塔来到湖上,又到灌丛边去探望那一对天鹅。他发现,那一对天鹅身上的雪被风吹走了,剩下的一层,已经被太阳晒化了又结成冰。透明的冰层下,那一对天鹅看得清清楚楚,它们好像突然被固定在冰块中间,仍保持着临死前的天然姿态,简直生动极了。他再一次抹去眼角的泪水,转身返回村庄,报名参加村里的冰雕比赛。

比赛那天,尼吉塔带了两个年轻人,到芦苇丛中把天鹅小心翼翼地挖出来,完完整整地抬到村里的广场上。这一对天鹅冰雕,立刻吸引了所有的村民,灯光照射着冰块中的天鹅,它们紧紧贴在一起,各自展开一侧翅膀,想用自己的身体温暖对方;它们伸长颈项,交叉着伸向天空,眼睛里充满着生的渴望;天鹅的嘴微微张开,似乎在诉说着衷肠,祈祷着幸福;全身的羽毛,也在冰层中竖起,好像要做出最后一次飞翔。

这时,人们才发现,雌天鹅展开的翅膀上,有一个肉瘤,那是翅骨被打断造成的。雌天鹅无法作长途飞行,只能离开天鹅群,而那只雄天鹅,也毅然放弃了生的希望,留下来陪着自己的伴侣,直到生命的最后一刻。

天上的雪花又飘洒下来,无声无息地飘洒着。似一曲沉静的生命挽歌,更似一段热情洋溢的爱情礼赞。

高 尚 的 本 能

我们对野生动物的态度往往缺乏距离感,因此我们在动物眼中的形象就不太美好,甚至很恐怖,动物有腿能跑,有翅能飞,生性活泼,可谓"万类霜天竞自由"。可我们往往缺乏宽容和善

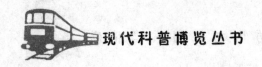

意,见到自由的动物就想抓起来、养起来甚至吃掉,表现出强烈的占有欲和贪婪心。

洛伊娜是美国著名的灵长类学家,她在坦桑尼亚的波塞卡谷地研究狒狒已有20多年,出版了多本颇有学术价值的专著。但令人不可思议的是,她竟然是一个生活在无声世界里的失聪者!2002年3月,洛伊娜应《自然之声》杂志之约,撰写了一些她和狒狒相处的有趣经历。

洛伊娜的父母都是长年在非洲大陆上艰苦工作的动物学家,她从小就被寄养在偏僻农场的祖父家,那里交通不便,缺医少药。洛伊娜10岁那年下河游泳时耳朵不幸感染了一种病毒,由于延误了治疗,到她11岁时两耳就彻底失聪了。

洛伊娜第一次看见尼亚是在一个春日的下午,它正和它的家族成员攀缘在树上快乐地荡秋千。尼亚是一只成年雄性狒狒,直立时身高有2米,重约230公斤,是它们那个家族里的狒狒之王。看见洛伊娜陌生的面孔,尼亚起初很警惕,总是不由她靠近就龇牙咧嘴,然后率领它的部下迅速消失在茂密的森林中。

一天,洛伊娜发现一只小狒狒在香蕉树下不知被什么硬物刺穿了腹部,肠子流了出来。洛伊娜把小狒狒抱起来,准备带到研究基地里请奥德茨博士治疗。就在这时。尼亚突然出现了,它张牙舞爪地向洛伊娜发出威胁,好像是在命令她把自己的孩子放下。洛伊娜明白,这只严重受伤的狒狒一旦不经治疗被尼亚带回巢穴,它必死无疑。洛伊娜记得奥德茨博士说过和狒狒打交道时一定不要表现出敌意和紧张,身体要放松,动作尽量迟缓,眼神要温柔,这样它就不会把你当成具有威胁的敌人。洛伊娜按照奥德茨博士叮嘱的去做,果然,尼亚安静下来,它不再龇牙咧嘴,但仍用疑惑的眼光盯着洛伊娜,这时,奥德茨博士来了,尼亚这群狒狒常年和基地的动物学家打交道,彼此已取得了充分的信任,因此,一看见奥德茨博士,尼亚就彻底打消了顾虑和警惕。一个半月以后洛伊娜当着亚尼的面,亲自将那只康复的小狒狒放入森林中,看到这情形的每一只狒狒都高兴得手舞足蹈。

从此,洛伊娜彻底走入了狒狒的神奇世界。

突然有一天,奥德茨博士告诉她一个惊人的事实:尼亚这只狒狒之王是先天聋哑!

由于常年和尼亚的狒狒家族打交道,洛伊娜和它们已建立了很深的感情。那些调皮的狒狒经常在洛伊娜的住地附近玩耍,有时还钻进她的帐篷里翻箱倒柜地找东西吃。经过对好几个狒狒家族的长期观察,洛伊娜注意到它们的首领并不是终身制的,而是每隔一段时间就会重新竞争一次,由身体最强壮的狒狒担任首领。洛伊娜发现,尼亚已经连续几次在家族竞争中成功卫冕。然而,自然界中没有永远的胜利者,在又一轮家族首领的激烈角逐中,尼亚失去了首领的权威。代之而起的是一只比它更年轻力壮的狒狒,而且在残酷的战争中,尼亚的一条腿严重受伤了。

新任的狒狒首领似乎担心这位前"国王"会利用余威对它的统治构成威胁,所以它总利用一切可能的机会拿尼亚出气,极力排斥它,结果年老力衰的尼亚常常被撕咬得遍体鳞伤。

有一天黄昏,洛伊娜在考察站的望远镜里看到了惊人的一幕:一群凶残的斑鬣狗正在向尼亚所在的那个狒狒家族发起偷袭,由于狒狒事先毫无防备,在斑鬣狗的攻击下一败涂地。一只小狒狒反应稍微慢了一些,结果被两条斑鬣狗咬伤。为了拯救自己的"臣民",狒狒首领折回身来,龇牙咧嘴向斑鬣狗扑去,但是在素以凶残狡诈著称的非洲斑鬣狗的围攻下,狒狒首领很快就丧失了反抗能力,它左冲右突也难以杀出重围。这时,有一条斑鬣狗悄悄地绕到狒狒首领的背后,用锐利的牙齿咬伤了它的小腿。几条斑鬣狗趁机凶猛地将它扑倒在地。

正在危急之际,尼亚不知从什么地方钻出来,它以惊人的速度猛地冲到斑鬣狗群中,将那几头撕咬狒狒首领的斑鬣狗赶开。这时,一直在旁边观战的狒狒们也受到了极大的鼓舞,发出一浪高过一浪的助威声,斑鬣狗被尼亚这突如其来的猛烈袭击搞蒙

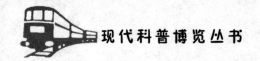

了,等它们醒悟过来时,狒狒首领已从地上爬起来,抱起那只小狒狒迅速撤退到了树上的安全地带。眼看即将到手的晚餐又飞了,斑鬣狗们恼羞成怒。它们把一腔怒气全部发泄到掩护狒狒首领逃跑的尼亚身上,对它展开了凶猛的报复性攻击。尼亚的退路被狡诈的斑鬣狗切断了,双方立即展开了一场你死我活的血战……

洛伊娜实在不忍心再观察下去了,她放下望远镜,迅速驾驶越野吉普车朝狒狒和斑鬣狗交战的地方奔去;等她用枪声吓走斑鬣狗时,尼亚已经奄奄一息地躺在血泊中,它浑身是伤,喉咙被斑鬣狗咬了一个大口子,鲜血正从那里汹涌而出。不一会儿,它的眼神就逐渐地黯淡下去……

原来,高尚的品质并不是人类社会所独具!尼亚曾经被那只狒狒首领百般羞辱和折磨,但它并不因此而怀恨在心,当自己的家族成员遭遇飞来横祸时,它能够不计前嫌地挺身而出,以自己的血肉之躯去化解危险。当然,尼亚的所作所为也许只是狒狒为了自卫所表现出的本能,但我们相信这种动物的本能中蕴含着一种人类同样不可缺少的美好品质,那就是心灵的博大与宽容!

信　任

野生动物在受到人类经济活动干扰以前,都是以它们各自特有的生存方式来适应自然界。由于自然灾害和人类经济活动诸多影响使得许多野生动物变为濒危动物,如何保护它们和它们赖以生存的栖息环境是拯救濒危动物的关键。

在我国云南省西双版纳与老挝、缅甸接壤的孟力自然保护区,有一所野象救助基地,这里专门收容和救助被象群遗弃、走失、受伤的老弱病残大象。

2001年5月，野象基地接到附近村民的报告，一头野象失足掉进了野象谷附近的一条大山沟里。接到报告，野象基地的负责人刘德军带领几名驯象员立即驱车赶赴几十公里外的深山老林。

在一条不太深的山沟里，刘德军看到了那头落难野象。这是一头年轻力壮的公象，体格硕大，体重足有4吨重。看到有人走近，平时凶悍的野象也只能示威性地向走近它的人甩几下鼻子，要把这样一个站不起来的庞然大物弄出来，显然不是一件容易的事。

无奈之下，刘德军只好向附近村寨的老百姓求助。听说是救大象，老百姓非常热心，很短的时间内就聚集了四五百人。大家把绳子结在一起绑住大象，在工作人员的统一指挥下，齐心协力，一阵呐喊，费尽九牛二虎之力，终于将野象从山谷里拉了上来。

在山谷上面的一片平坦干燥之地，兽医查看了大象腿上的伤势，发现它只受了轻伤，他又伸手在野象的耳朵上摸了摸，却发现野象的耳朵发烫。看到它有气无力、奄奄一息的样子，并且浑身都是粪尿，他们诊断这头野象可能是患了肠胃方面的疾病，已经轻度脱水。如果不及时治疗，很可能会有生命危险。

时间不等人，基地的工作人员干脆在野地里搭起帐篷，大家在外面搭起炉灶，烧好热水，首先为野象洗了一个舒舒服服的热水澡，然后，又在地上铺上干草，将几床棉被盖在野象身上，为因为发高烧而冻得瑟瑟发抖的野象保暖。

洗澡后，兽医又为野象打起了吊针。为大象打吊针很困难，为了防止大象乱动蹬脱针头，5名工作人员只好一人手里高举一个吊瓶为大象输液。

为了让大象吃点儿东西，刘德军特意用精细的玉米面，为大象蒸了一锅窝头，连晚饭也顾不上吃的他拿着窝头，一个一个慢慢地喂大象。已经几天没有吃东西的大象，吃着刘德军喂给它的窝头，眼睛里不再凶悍，一边吃，它还一边用象鼻试探性地碰碰刘德军。

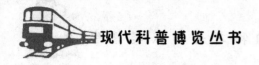

两天后，经过基地全体工作人员的努力，这头大象终于可以颤巍巍地站起来了。看到大象站了起来，基地的工作人员一片欢呼。大家知道，一头大象如果能够站立，生命就不会有危险了。

野象获救后，基地决定将它留下来并驯化。

出身于驯象世家的傣族驯象员刀学忠在接到驯化任务后非常兴奋，他暗下决心，一定要将这头野象驯化成一头"明星"大象。为此，他特意用傣族历史传说中一头通人性的"神象"——"先梦"作为这头野象的名字。

两个月后，在刀学忠的精心调教下，聪明的先梦就学会了一身本事。它不仅会吹口琴、倒立、过独木桥，而且还会踢足球，成为野象基地的"足球明星"。

西双版纳是我国著名的野象之乡，这里曾经生活着成千上万头的野生亚洲象，但因为不法分子对野象的乱捕滥杀，已经濒临灭绝的野象对人类畏惧到极点，大都是在人迹罕至的中老边境的密林中游荡，很少敢和人类正面接触。

当地旅游、林业部门和基地的工作人员心中一直有一个美好的愿望：让野象群重返它们过去生活的家园——野象谷，实现人象和平共处。他们曾经想过很多办法，比如在野象谷投放食物，引诱野象长期在这里定居，但野象很谨慎，很少敢在野象谷现身，吃完食物后就迅速消失。

只有让野象觉得这里很安全、对人产生信任，野象才会把野象谷当作自己的家。基地的工作人员把这个愿望的实现寄托在先梦身上，那就是：让它成为一个"使者"，引诱野象群来到野象谷常驻。

就在大家正要实施这个计划的时候，一件意想不到的事情发生了。2001年12月的一个早晨，驯象员赶着先梦等几头大象上山吃草。这时，一小群野象突然出现了，其中一头野象冲出密林对正在山坡上吃草的驯象发出一阵低沉的吼叫。被驯化的家象对于野象有一种天然的畏惧，看到象群出现，别的家象很惊恐，远远地躲避,但野性被唤醒的先梦却一下子兴奋起来,它又跳又叫,不顾驯象员的阻拦吆喝,猛然冲下山坡,转眼间就跟随着野象跑得无影无踪。情况出现得太突然,令几名驯象员措手不及。

先梦逃跑后,基地的10多名工作人员全体出动,甚至发动附近老百姓组成数百人的搜山队伍多次带上干粮到密林中搜寻,想把它找回来,但三个月的时间过去了,先梦还是杳无踪迹。

按照以往的惯例,一头驯象如果走丢的时间超过三个月,和野象在一起就会重新恢复野性,即使找到了也已经没有再和人类重新亲近的可能。失去了先梦的野象基地,似乎一下子缺少了欢乐,大家都感到心中缺了很多东西。

2002年8月的一个月夜,在基地值班的刘德军和驯象员刀学忠等几名工作人员在睡梦中突然被吼叫声惊醒。他们急忙穿衣起来到栅栏外一看,不禁被惊得目瞪口呆:只见皎洁的月光下,四周到处都是一头头庞大的野象。

"天哪!哪来的这么多野象?"刘德军如在梦中。和野象打了多年交道,他还从没有见过这么庞大的野象群。他数了数,这些野象大约有二三百头之多。

这么多的野象将基地包围了个水泄不通,这到底是为什么?野象的报复心极强,如果野象是因为某种原因到基地来寻仇,那后果不堪设想。于是,刘德军吩咐大家:如果野象冲进来,就赶紧跑到屋子里,关好门千万别出来。

基地的工作人员第一次看到这么多头野象,颇感好奇和害怕。刚开始,他们点燃火把,向几头已经冲到栅栏外的野象扔去,又敲锣打鼓地吓唬一番,终于使那几头离他们不到50米远的野象悻悻离去。

但野象群并没有走远,依旧在野象基地的四周徘徊、吼叫。为了抓住这和野象群亲密接触的机会,刘德军让几名工作人员把库存的甘蔗和香蕉全部拿出来,扔在栅栏外的一片空地上。看到一下子有这么多食物,象群一阵骚动,但却只是远远地站着不敢

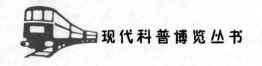

过来。

过了一会儿，一头高大健壮的野象从象群里走了出来，径直来到那堆食物前，旁若无人地大吃起来。看到没有什么危险，旁边的大象也一拥而上开始哄抢食物。

吃完食物后，别的野象又警惕地跑了回去，只有那头第一个走出来的野象还是意犹未尽地站在原地。看着这头馋嘴野象，刀学忠又从厨房里拎出一挂香蕉，跑到大门外对那头野象高举着逗弄。没想到，那头野象竟然毫不畏惧地大踏步向他冲了过来。

刘德军向刀学忠大喊："快回来！"他知道，和野象打交道很危险，稍有不慎，就有可能会丧生在象的铁蹄之下。看到野象离自己越来越近，刀学忠扔下香蕉转身就往回跑，刚跑了几步，他又停了下来，壮着胆子站在离那头野象只有几米远的地方观察。看了一会儿，只见他激动地大喊道："大家快来啊，是先梦，是我们的先梦回来了！"

先梦在离开基地快9个月后，回来了，并且带回了足有300头的野象。基地的所有工作人员都异常激动。先梦打破了三个月未归就恢复野性的惯例，在离开9个月后，它仍然记得收留它、给予它关爱和照顾的野象救助基地。由此可见，工作人员在它身上所付出的辛劳收到了成效。

先梦回来后，它好像是读懂了基地人员的计划，带着它的野象群再也不离开了。

先梦的归来，给了人们很多启示。人类应该珍惜人世间一切美好的东西，并加以爱护。人类只有在内心和环境都充满了爱的氛围中，才能健康发展。

生 死 绝 唱

所有那些有关狼的传说和故事正在从我们的记忆中淡化,留给我们和后代的仅仅是一些道德诅咒和刻毒谩骂的文字符号。

"文革"后期,有一位上海籍的黄工程师被下放到了山西一个矿区的最偏僻的小矿教小学。当时他还很年轻,长得清清瘦瘦的,戴一副近视眼镜,一股书生气。由于他的出身问题,几乎没有人愿意和他接触。而他看到别人,也总是很自卑地站在一边,很少说话。

黄老师很孤独,没有课的时候,就爱一个人散步。他常常沿着学校后面的那条山径一直走到摩天岭上。

矿区的人都知道,在刚建矿的时候,摩天岭上有过狼,虽然没伤过人,但常有家畜被狼叼走的事发生。近几年,随着矿区的不断扩建,便没了狼的踪迹。但也没有人敢肯定摩天岭上没有狼,黄老师每天都自己上摩天岭,竟没有一个人提醒他。

一天,黄老师突然从山上带回来一只小狗崽。他很细心地将小狗崽放在一个铺了绒布和棉花的小纸盒里,那条小狗是黄色和灰色相间的皮毛,和一只兔子差不多大。几个学生去看小狗,小狗就叫两声。那声音嫩嫩的,有些尖利,怎么听也不大像狗叫。于是就对黄老师说:"这不会是狼崽吧?这狗毛怎么是这种颜色的?"黄老师听后说:"这是狼狗,你们这儿没有,在上海常见。它可比普通狗值钱。"

黄老师自捡了这条"狼狗"后,很是得意,散步的时候他常带着狗出门。一旦碰见熟人他就主动介绍说:"这是狼狗。"不管别人理不理他,黄老师向人家介绍时都有一种自豪表情。那狗见了人不叫也不畏,它只是静静地跟着黄老师。黄老师对那只狼狗十分疼爱,常常是抱在怀里喂食。有时黄老师坐在山坡上休息,那只狼狗就爬到他的腿上。有时黄老师在前面跑,那只狗就在后面跑,玩得有滋有味。黄老师还常常和他的小狼狗说话,那狼狗也好像能听懂一样,久久地望着他很出神的样子。有人笑着说:"这个资本家的狗崽子可找到同伴了,有说话的伴了。"只是这条狼狗不能遇见别的狗和家畜,一遇见就鼻子喘着粗气往上扑。大家都以为狼狗就是这样的,也没有太注意。黄老师有学问,人家能搞错吗?大家只是说:"资本家的狗真像狼。"

黄老师的狼狗和黄老师一样,除散步外很少出门,它总是很安静地待在屋里。那是只极有灵性的狗,会给黄老师开门,会给黄老师叼东西,会按着黄老师的话做很多事,它甚至还救过黄老师的命。有一次黄老师煤气中毒半夜里出不了声,起不了床,是这只狼狗把门打开,把他从屋里拖出来。那时狼狗还不大,把他拖到门口时它就累得倒在地上不能动了,差点没累死,好几天都站不稳,走路摇摇晃晃的。不过这只狼狗对黄老师以外的人却不接近,并且表现出一种阴阴的敌对样子,像一条随时准备进攻的狼。

不知不觉,这条"狼狗"已长成一条半大的"狗"了。有一天夜里,它突然在黄老师的桌子底下伸长脖子叫了起来,那声音尖厉而凄厉,在夜间传得很远。黄老师被那声音惊醒,吓得出了一身的冷汗。他赶紧起来把"狗"嘴捂住,可这声音已传了出去,被住在旁边的老师们听见了。

第二天学校里就传开了,都说黄老师养了一只狼。黄老师被学校领导找去,很快大家也都知道学校领导决定让黄老师把那个半大的狼崽子处理了,要么自己打死,要么交给学校工宣队处置。对领导的话一向都唯命是从的黄老师这次有些不愿意,他说:"这不是狼,而是……"领导说:"这是只披着狗皮的狼,危害性更大。"黄老师还想解释,领导就说:"你出身不好,到这来是要你好好改造的,你养狼干什么?难道是想造反么?是想危害无产阶级革命政权?你要老实交代!"黄老师听了这话,不禁打了个寒战,就不敢说什么了,垂着头从领导办公室出来。

黄老师从领导办公室出来后就回到自己的宿舍。那天他一直没有出门,很多人都听见他在宿舍里哭,有点像狼嚎,而那只狼也好像预感到什么,不再出声。

谁也没想到这个白面书生居然做出一件违抗领导的事来。

那天夜里黄老师悄悄地把那只半大的狼带到摩天岭放了,他和那只狼讲了很多话,最后轻轻地照狼屁股踢了一脚,说:"走吧,自己求个生路去。"说完他就大步往回走,可那只狼又跟了回来。黄老师再把它赶走,它依然又跟了回来,如此往返了几次。最后黄老师想,这样不行,必须下狠心,让它不再恋人。于是他狠狠地照狼身上踢了一脚,把那只半大的狼踢得呜呜直叫。他想这样它就会走了,可黄老师没想到他大步往回走的时候,那只狼又跟了回来。黄老师就拿石头砸,一边砸一边说:"你跟我就是找死!回去是死路一条,懂吗?"狼的头皮都被砸破了,可它依然不屈不挠地远远地跟在黄老师的身后,黄老师实在打不下去了,只好住了手。他泪流满面地抚摸着狼头,无可奈何地仰天长叹:"你这是在要我的命啊!"这次狼好像听懂了它的话,它对着天空哀号了几声,就一步一回头地离开了黄老师。

由于开矿,摩天岭上到处是石坑,到处是沟壑。赶走了与自己朝夕相处、救过自己性命的恩人的黄老师精神恍惚,没走多远,一不小心就掉进了一个石坑,摔伤了脚脖子。黄老师怎么也爬不上来。如果再爬不上去,那只有死路一条。因为除了黄老师外,几乎再没有任何人会上这摩天岭。这时,那只半大的狼迅速地跑了回来,它拼死拼活地把他从石坑里拖出来,然后说什么也不肯离开黄老师了。它噙着泪哀号着,围着黄老师一圈一圈地转。

眼看天就快亮了,也没有把狼赶走,他知道再拖延下去等待狼的命运只有死路一条,而他无论如何也不能把狼再引到死路上去。因为它不但给予黄老师周围人所不能给予的心灵抚慰,而且

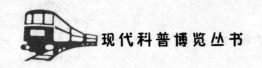

还两次救了自己的命。黄老师放声大哭起来,一边哭一边对着正哀哀地看着他的狼说:"如果我死了,看你还留恋谁?"

当人们发现黄老师时,那只狼依然在黄老师上吊的树下徘徊。它转着圈,一次次地跳起,想把黄老师从树上救下来。只是在人们企图走近它的时候,它才对着天空发出一声类似哭号的长鸣,迅速地离开这里。

黄老师被抬回来后就埋在了矿区附近的墓地里。每到晚上,墓地里就会传出凄惨的狼嗥,如泣如诉,往往持续一整夜。后来人们都看到了在黄老师墓前徘徊的那只狼。大约过了两三个月的时间,人们晚上再也听不到狼嗥了。有好事的人白天结伴到黄老师墓前去看个究竟,结果发现了那只狼的瘦干的尸体。

人们感其忠义,就悄悄地把它埋在了黄老师的墓旁。这样狼和它的主人终于可以长相厮守了。

并不是每个人都能碰到这样的人狼情缘。这种感情真切而又执著,让人生活有多长,回忆就有多长。

心 灵 会 晤

燕子是野生动物中与人类最亲密的朋友,也是对人类最有益的动物之一。自古以来,燕子就喜欢在亭台楼阁和居民小屋的屋檐下,甚至在房子中的梁上筑巢,人们也乐于让燕子在自家茅屋中筑巢,生儿育女,并引以为喜事。

7月里,一个闷热的夜晚,室内已经无法入睡,尤里·库兰诺夫便搬到顶楼上来了。他踩着摇摇晃晃的云杉木梯爬上了顶楼的圆木地板,把一捆捆隔年的厚实的亚麻在角落里摊开,在昏暗中愉快地躺在了地铺上。

他感到有一阵目光直射着他,便醒来了。他才睁开眼睛,两只燕子便从屋顶扑下来,在他的身边旋飞着,一面焦烦地噪叫着。他不懂得燕子说的是些什么话,但是,当他仰头看到筑在屋脊上的燕窠时,它们的意思他明白了:"为什么你要到这里来?"

上半日,燕子一直没有停落在窠中。它们一忽儿飞到这个窗口,一忽儿飞到那个窗口,向里面张望着,看到他时,便立即飞出去了。傍晚,它们由另一只燕子陪伴着飞回来了。从神态上可以看出,这只燕子比较年长,也比较精明,它可能是被请来最后出主意的。

它迅速地径直飞上了远处的窗口,远远地打量着他,啪啪地扑着翅膀。另外那两只燕子也飞进来了,但是它们却显得那样忙乱和不安。

它们对他噪叫着,并且彼此交换着眼神,仿佛马上要对他施加致命的威胁。年长的那只燕子看到桌旁的人在安静地从事自己的工作,又飞绕了几分钟,便停落在他的桌子对面的窗上了。它盯着他,思索着,然后,悄悄地向那两只燕子叽叽几声,就飞走了。从那时起,两只燕子的态度遽然改变了,它们友爱地忙碌起来了。

看到他日间伏案写作,夜间安静地睡眠,雄燕便不再理会他了。它有时衔着一小段麦秸,有时衔着一小片羽毛飞进顶楼来,擦过他的身边就径直飞落在桌顶上的窠中了。一到傍晚,它就进窠睡觉。

雌燕则戒备而又多疑。它每次飞进顶楼来都是敞着喉咙噪叫。为了使它能够飞进窠中过夜,他必须下楼去,在天色昏暗时再回到顶楼来。

在昏暗中他们安静地休息着。风一阵阵地吹得顶板轧轧作响,有时回响着雨声,更多的时候,却是寂静。

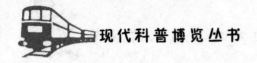

　　一天早晨，雌燕进得顶楼来就围着他飞旋，迟疑地不向窠中飞。随后，雄燕也飞来了，它抖了抖翅膀，飞进窠中。这时，雌燕又擦过他的肩头，停在迎面的小窗上，望着他。他抬起头来，他们的目光相遇了。它用那双黑色的小眼睛望了他很久。

　　从此，在他们之间就响起了热情而明快的音乐了。

　　但是，一天早晨，这乐声突然令人心悸地停止了。在沉睡中他感到了这一点，就醒来了。雌燕又激动地围着他飞转，在它的呢喃声中充满着惊惧。他看了看小凳，那上面有一个从窠中掉下的碎裂了的空蛋壳，在地铺边的圆木上还有这样的两瓣空蛋壳。雄燕衔着一只黑色的大苍蝇冲进了顶楼。

　　从这天早上起，两只燕子整天不停地忙碌，几乎没有休息时间。因为，新孵出的雏燕食量很大，远远地就等着吞吃食物。小小的雏燕身上还刚蒙上一层稀疏的淡蓝色的绒毛，却都长着一张张大嘴巴。食物总是给那最先啄到的雏燕抢去。是的，只有非常年轻的母亲才这样喂育孩子。雄燕则按顺序，由右至左地把食物放在每个雏燕的口中。

　　过了不久的一个早晨，他醒来了，因为有一只短秃的翅膀热情而又胆怯地拍打着他的面颊。一只快要长好羽毛的雏燕落在他嘴边的枕上，用那好奇的天真的目光望着他。另一只雏燕则站在烟斗的把上，也在望着他。第三只雏燕停在窠中，畏惧地望着由窠中到圆木楼板的这段深渊般的距离。显然，它还没有完全学会灵巧地啄食母亲送来的食物，气力不足使它产生犹疑。

　　中午，当他在桌旁坐下，它才从窠中跳出，而另两只雏燕则已能断断续续地飞了。

　　不久后，它们一个接着一个地飞向窗口。从这天起，顶楼就空落了。

忠 狼 义 胆

我们比喻那些心肠狠毒或忘恩负义的人，常用"狼心狗肺"，其实，这是人类对狼的偏见 大自然里有些狼要比人类中的某些人更讲义气，更懂得知恩图报。与人类中那些恩将仇报的人相比，自然界中的"狼格"要高尚得多。

在新疆的天山脚下当了8年兵后，潘良复员回到了上海。经过近5年的商海拼搏，他终于创下了一番事业，但新疆这个第二故乡，时时在他睡梦中出现。于是决定利用春节前的这段时间，到新疆去，顺便访一访战友。

同期复员的上海战友毛一赫听说了这件事后，也想回去看一看战友，于是他们就结伴同行了。

火车只能通到新疆的库尔市，剩下的200多公里路程就只能租车前往了。他们租了一辆越野车，向部队营房驶去。车刚行出不远，就下起了鹅毛大雪。快到营房时，车实在是开不动了，潘良和毛一赫只得弃车步行朝营房赶去。

他们的部队营房在天山脚下。这里是一望无际的戈壁滩，荒无人烟。由于他们对这里的地形比较熟悉，便抄近路走。走了大约20里路后，天气渐渐地暗下来。这时雪停了，一钩残月挂在天边。当他们经过一片沙枣林时，忽然听到树丛中有异常的声音。他们借着月光一看，原来是一只左腿受伤的小狼崽。潘良说："这狼崽可能是被猎人打伤的，放在这里它肯定会饿死的，不如我们把它带……"话未说完，他们就感到不对劲，往前一看，突然发现两团淡淡的绿光，潘良急忙说："一赫，快将脊背贴在我后背上。"说话时，那只狼已来到他们身边七八米远的地方停下来。这是一只灰白色的母狼，个头不大，但目露凶光。这时，那只受伤的小狼崽看到母狼后,摇摇晃晃地走到了母狼身边。母狼先用鼻子嗅了嗅小狼,接着又用舌头舔小狼的伤口,之后就更加愤怒了。显然,母狼误以为是他们伤了小狼。只见母狼眼睛里闪烁着复仇的凶光,狠狠地盯着他们,一步一步地小心翼翼地向前逼近,他们同时将在库尔买的腰刀拔了出来。这时,母狼离他们只有两三米了,它竖起了身上的毛,前腿半倾斜,头紧紧地贴在前腿间,做出了向前冲的姿势。潘良和毛一赫也将手中的腰刀握得"咯吱咯吱"地响。

忽然,母狼绕过潘良,声东击西地扑向毛一赫。毛一赫还没反应过来,左腿就传来一阵剧痛,随着剧痛,一股浓浓的血腥味迎面而来。就在同一时间,潘良的腰刀也刺中了母狼的脊背。母狼"嗷"的一声,跳出了三四米远,接着它就跑到不远处一个小山岗上,仰头嗥叫起来。那"嗷嗷"的叫声凄厉、苍凉,在茫茫的戈壁滩回荡。

"一赫,狼群就要来了,赶快把外衣脱下来,用打火机点燃。"说话间,潘良已经把自己的外衣脱了下来。

大约过了10多分钟,那只母狼停止了嗥叫。这时,他们发现前面不远处又多了许多的绿光。"快跑!"潘良拉起毛一赫的手转身向后跑去,但后面也有幽幽绿光,向左……向右……结果他们发现已陷入了群狼的包围之中。有20多条狼从四周将他俩团团围住。这时,潘良用打火机将衣服点燃,狼群看到火光后退出四五十米远,但随着衣服的燃尽,又纷纷围拢上来,并且一点点地向他们逼近。他们彻底绝望了,潘良用左手紧紧地反握着毛一赫的右手,他们手里的汗水如雨一样。狼群在离他们不到20米远时停住了。这时,一只白狼从狼群里走出来,这只狼身材高大,身长足有一米半,浑身雪白,在它的前额上有一个红色的倒三角,一双绿幽幽的大眼睛闪烁着凶残的光芒,一条半米长的尾巴高傲地摇来摆去,打得四周的草木"叭叭"作响。他们同时心里一惊,经常在电视中看到的狼王今天真的出现了。群狼见到狼王出来后,纷纷躲在它的身后,想让狼王在猎物面前逞它的威风。狼王离他们只有10米远了,一双幽绿的眼睛半张着,轻蔑地看着他们。突然狼王长嚎一声,突地腾空而起,身子在空中划了一条美丽的弧线。与此同时,潘良和毛一赫都握紧了腰刀,准备拼死一战。

就在这千钧一发之际,奇迹出现了:狼王突然停止了攻击,落在他们面前一米远的地方,怔怔地看着他们。接着,狼王慢慢地走到潘良身边,像个孩子似的立起身子温顺地舔着他的手。那双满含凶光的幽绿眼睛也变得温顺了,并且溢满眼泪,然后,它又跑回狼群,仰天长嚎了几声,刚才还虎视眈眈的狼群顿时悄悄地消失在茫茫的戈壁滩上。

等所有的狼都走后,狼王再次回到潘良的身边。直到这时,惊魂未定的潘良才猛然醒悟过来,对着狼王大声喊道:"血点,原来是你呀!"狼王听到潘良的喊声,马上像个乖巧的孩子一样将长长的尾巴夹在腿间,乖乖地趴在了地上。

原来,狼王是8年前潘良和毛一赫从死神手中救回来的一只小狼。8年前,毛一赫是部队的一名司机,而同乡潘良是押车的。一天,当他们途经一处山坳时,发现路旁有一只奄奄一息的小白狼。他们马上停下来把小狼抱上了车。回到营房后,为了防止领导发现,就将小白狼藏在部队废弃的仓库里。然后仔细检查了小白狼后,发现它的右后腿被其他动物撕伤了,伤口已经化脓感染。他们立即到卫生室要来了消炎粉、纱布、药棉等,为小白狼包扎。在他们的精心喂养下,两个月后,小白狼就恢复了健康。望着小白狼前额中间的那块金红斑纹,他们就为它取名为叫血点。半年后,他们就偷偷地用车把血点拉出营房放生了。从此,他们再也没见到这只狼。

谁也没有料到,8年后的今天,他们会在这场生死搏斗中意外重逢。狼王趴在地上,默默地看着他俩。此时他们泪如雨下。狼王看了一会后,就站了起来,围着他俩转圈。转了大约10多圈后,它突然长嚎了一声,便三步一回头恋恋不舍地向戈壁滩深处走

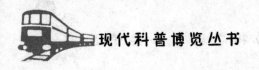

去。

直到这时,他们才深深体会到生命的珍贵。

大象的假牙

人们习惯于奴役动物,将动物作为自己的生产工具,并且在动物濒老时弃之而去。但能想到为大象安装假牙并付诸行动这样的壮举,为很多残害动物的人敲响了警钟。热爱动物吧,只有爱护身边的动物,才能守护住我们的家园。

2003年12月13日,泰国中部城市北碧西南边的卡罗洼镇正在举行一年一度的开荒节。几乎全镇的居民都在载歌载舞,唯独42岁的农场主南希一脸愁容。他心里一直惦记着自己农场里那头生命垂危的母象——孟朗克德。

其实,南希的孟朗克德是一头年近60岁的高龄母象了,即使死了也没什么,但南希异常伤心。因为孟朗克德不仅和他生活了20多年,它还救过南希的生命。

那是1989年的夏天,27岁的南希在农场深处砍伐树木,而孟朗克德则带领着三头大象承担着运输的任务。当时有棵松木正好砸向南希,是孟朗克德用后背撑住了松木,救了南希一命。从此,南希对孟朗克德便格外照顾。但可怜的孟朗克德在活过了54岁以后便和其他大象一样开始脱落牙齿,残留的一两颗磨牙也在日复一日的咀嚼中被磨平了。于是从2003年9月开始,孟朗克德就几乎完全失去了进食能力,善良的南希起初用磨碎了的水果和谷物来喂它,但后来发现孟朗克德的口腔内部因为牙齿发炎而完全糜烂了,它无法从口腔吞咽食物。

2003年12月初,南希为了挽救孟朗克德的性命,重金请兽医天天为母象从静脉注射生理盐水和其他营养针剂来维持生命。

然而，南希的种种努力似乎仍然无法挽留孟朗克德的生命。在长达两周的注射过程中，孟朗克德日渐衰弱，现在不得不每天倚靠着象舍的墙壁以支撑它庞大的身躯。2003年12月13日这天，南希心里突然一动："我们能为它装假牙吗？"

2003年12月14日，南希匆匆赶往清迈的泰国大象协会，大象协会的官员们听了南希的想法后立刻派了一名专职人员和南希一起寻找相关专家来论证设想的可行性。

第二天，在泰国大象协会的安排下，南希见到了泰国著名兽医索姆沙科，令南希欣喜的是医生充分肯定了这一设想。

12月19日，索姆沙科医生牵头组建了一个5人小组，几乎全是泰国顶尖的医生，其中兽医三名，麻醉师一名，还有一名职业牙医拉图。12月20日，小组成员抵达了卡罗洼镇，孟朗克德已奄奄一息了。索姆沙科医生首先在孟朗克德的静脉注射液中加了多种能量补剂和维生素，期望能让它增强活力，然后，医生们用带来的X光机为母象拍了牙齿的全套X光片。X光片显示了孟朗克德牙齿的整个状况，其中上齿几乎完全脱落，没有一颗可以使用的了，而下齿中则有两颗磨齿因为磨损严重导致牙髓腔发炎化脓，这是孟朗克德无法进食的直接原因。按照牙医的意见，整个过程将分为三部分：首先是为孟朗克德的口腔进行清洁和消炎，然后除去腐肉和糜烂部分，在清空的牙髓腔里填充替代物，最后一步是根据母象的牙齿特征制作它所需的假牙，固定并让它学会使用。

2003年12月25日，医疗小组精心地完成了用石膏制成的假牙模具，还准备了超大型各种牙科工具。12月26日，石膏假牙被送往清迈，在那里的牙医诊所里将被制成真正的假牙。在假牙的材质上医疗小组考虑到大象的咀嚼力度，假牙将用不锈钢做骨架主体，然后用硅胶和塑料倒模制成。

2004年1月5日上午，卡罗洼镇的居民们都知道可怜的孟朗

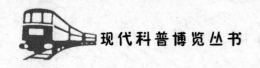

克德将要进行一次罕见的牙科手术,纷纷来到南希的象舍,而孟朗克德的住处早已被南希用钢管和木头搭起了支撑架。为了减轻大象心脏的压力,对它的麻醉将采用站立式。

上午9点多钟,索姆沙科医生宣布手术开始。南希和另外两名工人马上用四根粗麻绳和两根钢管插在孟朗克德的腹下,并垫上了一块厚木板,牢牢地支撑着重达2吨的母象。麻醉师随后从孟朗克德的耳后静脉注射了麻醉药,5分钟后母象就进入了理想的麻醉状态。

手术开始了,一名医生用特制的方形钢架撑起了孟朗克德的口腔,而索姆沙科医生则和另两名医师站在支撑架边的木凳上,忙着清洗母象的口腔,然后用水轮磨去牙龈处的坏死物,挑除牙髓腔里的脓血和杂物,医生的头几乎伸进了孟朗克德的口里,全神贯注地忙碌着。

上午10点40分,医生们完成了孟朗克德下腭两颗坏牙的修补。随后,牙医拉图取出了专为孟朗克德特制的那副假牙,假牙顺利地放进了孟朗克德的口腔,而唯一和人类假牙不同的是它多出了一套固定装置,那是一个专用的头绳,由柔软耐磨的尼龙制成,从母象假牙的两端伸出绕上耳后部,最后在脑袋顶部打结固定。至此,孟朗克德的整个牙科手术便全部完成了,耗时近两小时。医生们疲惫地从木架上下来后,人群顿时欢呼起来,人类终于成功地为大象安装了历史上第一副动物的假牙!

人鳄情缘

保护濒危动物不单纯是一般地保留该动物物种,更重要的是如何保护濒危动物的生存和繁衍,它关系到野生动物这一可再生资源的财富持续利用、对正常生态系统的维持以及各种遗传物质的长久保存，造福当今人类和我们的子孙后代。

张金荣是安徽省南陵县石铺镇长乐村人。1982年，他眼看着自家的一只白鹅在杨树塘里被一种叫土龙的动物叼走。后来他才知道，土龙就是扬子鳄。

1983年，县林业局向村民宣传扬子鳄和恐龙是同时代动物，是国家一级保护动物，是国宝。一个大字不识的张金荣主动请缨，承担了保护扬子鳄的重任。自从接受任务以后，张金荣和老伴就在杨树塘边盖了两间房，一张床支在水面上。床上方是几块塑料布，以此遮挡风雨。

张金荣在水塘日夜观察扬子鳄的习性，他很快发现扬子鳄喜欢吃动物的内脏。于是，他每天第一件事就是提着篮子到市场上去买鸡鸭猪的心肺，然后去河流边捕泥鳅和河蚌。天长日久，他们对扬子鳄就有了如同养育儿女般的深厚感情。张金荣叫扬子鳄们为"张龙"。每次喂食，只要他叫一声"张龙，吃饭"，扬子鳄们便陆续地浮出水面。此外，张金荣还有一种特殊的呼唤方法，那就是吧嗒嘴，唤扬子鳄上岸觅食。

张金荣夫妇的生活本就不宽裕，而扬子鳄每天两公斤的肉食彻底拖垮了他们的生活。从张金荣受国家之托护鳄至今，国家给他的酬劳由开始的一年30元涨到现在的480元，张金荣还在养路段兼了一份工，一年660元，这两项收入也远远满足不了张龙的需求。村民们都说："他们是省嘴里的喂水里的。"食物难以为继的时候，张金荣就到乡邻家赔笑讨干肉皮。

在张金荣的精心喂养下，扬子鳄也渐渐地通了人性。一次，某电视台来杨树塘拍片子，张龙非常配合，张金荣走到哪儿，它们就跟到哪儿，并且顺从地听张金荣的口令。

1985年，林业局将1.9米长的大张龙打上印记后运到40公里以外的查林扬子鳄保护站喂养。谁也没有想到，3年后，大张龙翻山越岭回归杨树塘。5年后，张金荣在喂食时，发现了大张龙，张

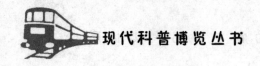

金荣被感动得眼泪直流。

张金荣也有很多次发财的机会,但他为了保护国宝,毅然拒绝了。1993年7月的一个夜晚,两名陌生人想用每枚350元的价格收购鳄鱼蛋,并且承诺预付2000元定金,被张金荣断然拒绝。几天后,陌生人涨至每枚500元,张金荣气愤地将他们推出门去。

1998年的一个晚上,有人愿以100元一寸的价格买2.6米的"大个子"张龙,张金荣摇头,后涨价为1000元一寸。不认字的张金荣说:"扬子鳄是国宝。我不能知法犯法,再说不是正路上来的钱我也使不惯。"

20世纪80年代,有西方人断言:"中国没有野生扬子鳄。"根据是"中国人环保意识差,爱吃野生动物"。1998年8月,世界野生动物保护基金会鳄类专家约翰·森布亚那松博士来杨树塘,证实中国有否野生扬子鳄,张金荣用手划拉水面,嘴里发出"吧嗒吧嗒"声后,张龙们跃出水面。约翰对张金荣夫妇竖起了大拇指……

张金荣夫妇护鳄20余年,杨树塘的12条扬子鳄终于让西方人改口:"中国有野生扬子鳄,它们在中国一户农民家中的池塘里。"

王者将逝

提起老虎人们并不陌生,几千年来中国人对老虎的情感,是既恐惧又崇拜。一方面,我们创造了虎生肖文化,另一方面,我们又演绎了武松打虎的故事,显示我们人类不怕它。老虎这样的形象,其实还是让人很恐惧的,要不然怎么会有那么多的比喻,像苛政猛于虎、伴君如伴虎。我们说敌人反动派,他们是纸老虎,不值得一提、一戳就破。老虎这种凶残的形象已经是深入人心了。俗语说，"虎生三子，必有一彪"，这个彪字怎么写，就是甩勾上有三把刀，可见是个狠角色，它狠到什么程度啊，连自己的兄弟姐妹都要吃掉。母虎为了防止自己的孩子被彪吃掉。往往都会用一些很智慧的力法去防范它。传说有一次母虎带着孩子们，来到了河边要过河，怎么过才能防止彪吃掉孩子呢?它先把彪接过去，然后回来把第二只小虎背过河，放下的同时把彪又接回来，回到这边，又把第三只小虎接上，渡过去。最后回来把彪接过去，您看这个母虎是不是很聪明。真正的老虎家族内部是什么样子，母虎和虎孩子们之间的感情又如何，它的孩子中，真的有那只彪吗，让我们一起到印度的坎图哈(音)公园去看一看。

雄虎生活在坎图哈国家公园，每天清晨，乘坐大象的巡逻队员都会巡视公园，以确保老虎的安全。这些森林警察长年累月地追踪雌虎的踪迹，它的领地包括草场和丛林，还有清澈的水源。伯尔辛格担任领队，他在丛林中长大成人，从1986年起他就开始保护这只雌虎，虽然雌虎很害羞，可辛格仍然能找到它的藏身之地，他给这只雌虎取名叫拉克什米，这是印度幸运女神的名字。雌虎长年守卫着这片领地，因为这是成功的关键，领地可以带来丰富的猎物，为幼虎提供藏身的场所。拉克什米的孩子们，已经有9个星期大，过去它成功地养育了几胎幼仔，以12岁的高龄应对野生环境，需要付出极大的努力。这些年幼的老虎，需要定时喂奶及精心照料。多年以来，拉克什米就是一位具有奉献精神的母亲，它成功地养育了几胎虎崽，直至它们能独立生活。坎图哈公园拥有肥美的草场，吸引了大批的白斑鹿，它们是老虎喜爱的食物。多年以来，拉克什米的足迹遍布这里的每个角落，它对这里非常熟悉，可是白斑鹿非常警觉、行动灵敏，如果它想捕白斑鹿喂养幼虎，就必须再靠近一些白斑鹿。尽管拥有多年的经验与可怕的速度，拉克什米还是遇到了太多的失败，为了养育饥饿的幼崽，它从来也没放弃过，可是叶猴真让人烦恼，它们被称为森林的眼睛。与生活在坎图哈的其他所有动物一样,叶猴与巡逻队员能够友好相处,可是它们却使拉克什米的生活变得相当艰难。因为叶猴经常向鹿群发出警告。叶猴有时会将食物撒落在地上,从而引来鹿群,可是如果在地面上进食的话,它们也非常脆弱。

返回栖息地以后,雌虎召唤幼虎们从藏身之处走出来。由于分离了很久,它用温柔的动作抚摸它们。母亲和孩子们亲密接触,可以交换气味儿,这有助于拉克什米找到失踪的幼虎,嬉戏也相当重要,叶猴的尸体可以作为极好的玩具。幼虎还太小,不能食肉,可是捕猎的课程非常有趣。幼虎生长得非常迅速,需要定时喂奶,所以拉克什米鼓励它们吸吮乳汁。拉克什米有4只乳头,所以吸吮时不用争斗,可是幼虎们却有些粗暴地撕咬着母亲柔嫩的乳头。拉克什米发现,现在捕猎比较容易,因为白斑鹿已经进入了发情期。处于发情期的雄鹿,一心只关注交配,从而放松了警觉。当拉克什米试图咬住对方的喉咙时,必须避开锋利的鹿角,然后将雄鹿拖到幼虎们藏身的一个隐蔽的地方,以免被其他老虎发现,然后才能召唤孩子们开始用餐。4个月大时,幼虎们的食量增加了许多,所以拉克什米带来了更大的猎物,当它们进食时,经常保持警觉,它让幼虎们自己学会如何去撕开坚韧的外皮。小雌虎安静地排队等候,期待着哥哥们能够取得进展。巡逻队每天都察看老虎家族的生存状况。作为草场女主人,拉克什米占有很大的优势,它的领地内拥有水源,炎热的中午到来的时候,可以在这里嬉戏。水源也吸引了生活在坎图哈的其他动物,例如印度豺。豺狗是可怕的捕食动物,对幼虎的安全构成威胁,所以拉克什米不敢掉以轻心,一见到它们,幼虎就感觉到不安,它们本能地觉察到了危险。豺狗有时会成群结队地出现,数量可达40多只,面对如此之多的对手,拉克什米有些难以招架,豺狗搜寻着自己的主要猎物——白斑鹿,而鹿群也了解自身的处境。豺狗的集体狩猎活动,在鹿群中引起了骚乱,一旦有个体被分开,豺狗锋利的牙齿和强有力的颌骨就会解决问题。豺狗贪婪地撕咬着,周围的捕食动物越集越多。兀鹰聚集在树枝上,向其他饥饿的动物发出了信号。

一两只豺狗远非老虎的对手,当老虎走近时,豺狗只好让步,如果有机会,拉克什米就会置它们于死地。孩子们早已吃饱了,拉克什米才开始自己享用这份战利品。

骄阳炙烤着大地,碧空万里无云,这是一年中最炎热的季节,树荫下的温度达到了38摄氏度,酷热侵袭着大地。大象们也有些筋疲力尽了,可巡逻队员坚持工作。草场被烤焦了,白斑鹿饥渴难耐,不顾一切地跑到水源旁,这里危机四伏。有时天气确实是太热了,老虎也难以忍受,但是这种日子不会太长,到6月中旬,乌云开始聚集,几天以后,季风将使坎图哈变成一片泽国。

季风并没有持续很长时间,可暴雨却持续了三四个月,给坎图哈带来了新的生命,森林和草场复活了,拉克什米的猎物们,欢欣鼓舞。小老虎已经有6个月大了,它们精力十分旺盛,可任何父母都知道,这未必就是一件好事。无忧无虑的生活终有一天会结束,幼虎们还有一段时光可以嬉戏游玩,拉克什米将照料它们的生活直到2周岁左右。

小老虎们复杂的祖先可以追溯到很久以前,那是一个笼罩着神秘色彩的故事,其历史长达4000万年之久,恐龙从地球上消失的时候,猫科动物就已经生活在古代森林里,它们看起来可能跟这种动物差不多,这不是传说中长着锐利长犬牙的猫科动物,而是一只灵猫,灵猫生活在马达加斯加岛上,十分擅长爬树。与灵猫一样,早期的猫科动物也是训练有素的杀手,它们先是栖息在树上,然后才到地面上生活。大约2000万年前,猫科动物们开始到地面上寻找更大的猎物。与南美的豹猫一样,它们逐步掌握了前部追踪和伏击的技巧,成为地球上最伟大的猎手,老虎、狮子、豹子和美洲虎,都是从一种酷似现代的豹子、生活在500多万年前的猫科动物进化而来的。就是在这段时间前后,地球上的气候开始变化,许多森林被灌木和无数草原所取代,猫科动物的面前,很快出现了各种以前它们未曾见过的、行动迅速的猎物,问题就是如何才能抓到它们。于是猫科动物开始有了新一轮的计划,它们需要掌握新的捕猎技巧以应付新的挑战。狮子们非常适合于在开阔的平原上生活,面对比自己身材更高大的对手,它们发明了集体协同作战的办法——合作捕猎,使狮子们每三次行动中就有一次能够成功。猎豹尽管总是单独行事,成功率却不低。每一次成功捕猎,都是体力的胜利,尽管对手的奔跑速度有高低之分,而猎豹的专长就是速度。

生活在丛林和沼泽地里的老虎,则用一种更加克制的方式,展示它们的捕猎技能。这种秘密猎手身上的条状花纹,是一种完美的天然伪装,对手既看不见老虎,也听不见它的脚步声。这个伪装大师正在等待时机,一旦时机来临,它便神不知鬼不觉地迅速出击。

老虎是世界上最大的猫科动物,它属于一个被称为豹属的猫科动物种群,这个种群还包括非洲和亚洲的豹子,以及南美的一种名叫美洲虎的豹。这个种群也包括黑豹,其实那只是一种长着黑色毛皮的豹子,还有狮子,所有这些一起被称为吼叫的猫。辨别豹属的办法,就是听它们的吼叫声和观察它们的眼睛的形状,大多数猫科动物都长着垂直的眼线。这些与家庭宠物是近亲的巨人,都有一对圆圆的瞳孔。除了自己,老虎无人可以依靠。它们形成了孤独的生活方式。老虎食物的来源是其他动物,它们分布在茂密的森林里,于是老虎们也只好分散开生活。每一只老虎都需要许多食物来维持生存,同时还必须找到足够的地方藏身,它不可能在同一个超级市场上购物。在西伯利亚,可供老虎捕食的动物十分稀少,所以这里的老虎需要更大面积的空间。冰雪覆盖着的荒原上,生活异常艰难,雄虎和雌虎的领地,可能相互重叠,所以每一件战利品,都必须小心翼翼地加以保护。走遍130平方公里土地,老虎才会有所收获,可想而知,捕猎有多么困难。而在印度卡兹兰加国家公园里,情形就不一样了。每年都要泛滥的布拉马普特拉河,制造了肥沃的草原。绿草养育了无数动物,这些动物又成为老虎的食物,老虎们甚至不用走很远,就能够美餐一顿。这里有丰富的食物,以及数不清的藏身之所,世界上半数以上的野生独角犀牛都生活在这里,小犀牛随时都有可能成为老虎的美餐。猎物的多种多样意味着这个公园里的老虎分布密度在整个印度都首屈一指,每260平方公里就有17只之多。印度蓝沙姆获国家公园里的湖泊四周,芦苇丛生,水边生活着无数的水鹿。沼泽里还有鳄鱼。鳄鱼有两样事情与老虎是一样的,它们都喜欢捕食水鹿,它们都有各自的秘密。鳄鱼对待食物的方法与众不同,猎物的尸体必须完全腐烂,鳄鱼将死去的水鹿放在那里任其腐烂,然后才把它吃下去。老虎也对这堆肉垂涎欲滴,唯一的问题就是老虎需要时间考虑,如何做出选择。头脑是老虎的一个最强大的捕猎武器,而对一只觅食的老虎,鳄鱼也能想出一些绝妙的主意。老虎想着吃这块肉,它会耐心地等到自己成功为止,它没有辜负自己作为一个可怕而聪明的猎手名声。有时答案十分惊人。水鹿的尸体很重,老虎不可能叼着它到处走,它紧紧抓住战利品,依靠自己的力量游走,避开水中看不见的危险。除非饿到了极点,否则就不会理解这是一个多妙的主意。结果鳄鱼的盘子里空空如也,老虎却在准备饱餐一顿。

　　所有的老虎都有很强的地域观念,它们用一生的时间去熟悉自己的家园。它们总是不停地在自己的领地的周边巡逻,密切地关注着自己最喜欢的一块狩猎场,而且它们都要把这个地方据为己有。老虎以最快的速度沿着河床和经过了无数遍的林间小道奔走,这里的每一条路,它都了如指掌。四处走动其实很关键,对手如果知道老虎经常在某个地方出没,它可能就永远也不会去那儿了。老虎对土地的所有权保持着高度的警惕,这使得这个地区的老虎数量相对稳定,它很快就在自己的领地四周,撒下尿液和荷尔蒙,宣布自己是这块土地的主人;在树上做记号,把粪便和更多的尿液排泄在显眼的地方,同样也是为了这个目的。排泄对于老虎而言极其重要,那是一种人类无法理解的、秘密的气味语言,老虎每留下一种气味,就好比留下它自己独一无二的名片一样。另外一只老虎立刻就能读懂其中的含义,知道留下记号的那只同类的年龄、性别和生育情况。老虎通过嘴上部的两个小孔,能够分辨出各种气味儿。交配之前,雌虎和雄虎都在大小相去甚远的空间里,各自过着单身生活,一只雄虎的领地,可能会相当于几只雌虎所占地盘面积的总和,它们在广阔的空间里,借助于吼声相互交流。准备交配的雌虎变得很活跃,它走近雄虎表明自己的要求,这不是什么秘密。雌虎交配后,只排出一枚能够生长发育的卵,要想怀孕,它们也许需要做出一百多次的努力。怪不得雄虎要掉过头去,冷静一下了。雌虎的妊娠期,只持续15个星期,如果大腹便便的时间过长,它就很容易遭到别人的攻击,而且自己也不能捕食。

几百万年来,老虎不断地进化,逐渐适应了亚洲大陆各种地方的生活,从低地沼泽到干燥炎热的森林,从极度炎热到极度寒冷的地带。作为单个物种的老虎,又分为8种不同的亚种,其中3种现在已经灭绝,剩下的5种全都生活在亚洲地区。野外栖息地的破坏,使它们在地理上彼此隔绝。西伯利亚虎出没于俄罗斯的远东地区和中国的东北部,它是世界上身材最高大的老虎,习惯于在冰天雪地里生活,高大的身材及长而厚的毛皮,有助于贮存热量。印度尼西亚苏门答腊岛上酷热的森林里,也有老虎的身影,那里的气候没有那么寒冷,所以老虎的身材也没有那么高大,苏门答腊虎只有西伯利亚虎的一半左右大。

在森林中,大猩猩觉得不会有任何危险存在,互相投掷水果作为娱乐。成熟的榴莲发出一种腐肉的味道,足以把老虎吸引过来,老虎这种大型的食肉动物,具有强烈的好奇心。苏门答腊虎的毛皮颜色很暗,腹部只有很少的一点儿蓝色斑纹,幸存至今的苏门答腊虎大约还有500只。老虎在进化过程中,从来没有离开过亚洲大陆。它们的栖息地,东起西伯利亚,南到苏门答腊,穿过印度次大陆,西至里海。然而老虎的世界正在逐渐地缩小,如今野生的印度支那虎大约只剩下1600只,而野生的华南虎也许只有可怜的20只了。印度次大陆是孟加拉虎的家园,我们说起其他老虎时,总是以孟加拉虎作为参照系,在现存的5种老虎亚种中,它也许是我们最熟悉的一种,印度次大陆的森林中,草原上和沼泽地里到处都有孟加拉虎的身影,在所有亚种老虎中,孟加拉虎的数量是最多的,在亚洲地区就有4000多只,然而它们同样面临着灭绝的危险。

虎作为野生动物之王,它统治的领地正日趋缩小,其数量也随着时光的流逝而减少。到20世纪末,曾经激发诗人威廉布莱克灵感的景象,也许将一去不复返了。诗人曾经吟道,虎啊虎,你照亮了夜的森林。从原始洞穴里的壁画,到用丝绸、象牙、帆布和木头做成的艺术品,不同文化背景的艺术家,都不约而同地赞美虎,不管作为猎手,还是被猎杀的对象,它都是一种笼罩在神秘面纱下的动物。印度和孟加拉之间的孙德尔本斯三角洲是三条河流交汇的地方,这里有世界上面积最大、最茂密的红树林,森林中到处都有老虎的身影。不过尽管如此,孙德尔本斯人并不仇恨老虎,也不想将它们赶尽杀绝,相反他们对老虎充满了敬畏,说这是森林女神巴诺比比,她的丈夫巴克逊拉伊,是孙德尔本斯至高无上的统治者。据传说,神通广大的拉伊可以进入老虎的身体。据说巴诺比比的赐福,可以保护人们不受老虎的伤害。所以很少有人在进入老虎的领地之前,不到她的圣祠里去供奉。采蜜者可能会意外地惊起正在休息的老虎,谁都知道,老虎通常都是从背后发动突然袭击,于是当你和一群人出去采蜜的时候,你自然不愿意落在后面,走在最后的那个人的后脑勺上,戴着一副面具,因为据说人的眼睛可以吓走老虎。几百年来,宗教和民间传说始终离不开老虎及其秘密的生活方式。在印度小镇乌迪皮,男人们最擅长的事情,就是把自己的脸画成虎脸,然后翩翩起舞,每年一次的这种活动,似乎是为了向老虎表达敬意,而最真诚的方式就是模

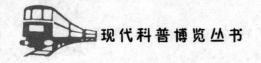
仿它。100多万年来，老虎一直是亚洲森林的主人，同时它们在人们的眼中，还是力量和风度的象征，人类和老虎共同找到了一种和平共处的方法。然而一切也就到此为止，现在许多的野生老虎已经离开了它们古老的家园，它们生存的空间越来越小，地球上老虎的数量也越来越少。20世纪之前，老虎的领地曾经遍布整个亚洲，在刚刚过去的100年里，它们赖以生存的家园变得支离破碎，95%的老虎都已经消失了。

现在老虎的8个亚种当中，已经有3个在世界上灭绝了。20世纪40年代最后一只白狸虎死在了人们的屠刀之下；20世纪70年代里海虎灭绝；20世纪80年代最后一只爪哇虎在地球上消失了。在大不列颠帝国的鼎盛时期，猎杀老虎一度是英国殖民统治者和印度当地王公贵族的一种流行的娱乐消遣方式，像在尼泊尔奇特万这样的皇家庄园里举行的大型狩猎活动，就运用了尼泊尔贵族发明的猎虎技巧，他们知道白色障碍物是老虎行进中的禁忌，于是便搭起一个巨大的漏斗形白布通道，在漏斗尽头，等待着老虎的是神枪手。仅在1938年的一个季节里，这些绅士们，偶尔也有淑女们参与的娱乐消遣，就把120只老虎送上了西天。虎皮则作为时髦的战利品被送到了欧洲。

1986年，在苏门答腊拍摄的一段惨不忍睹的影片，昭示了今天许多老虎的命运。杀死一只雌虎夺去的不仅仅是它的生存权利，还包括它腹中可能有的小生命。虽然猎人们一天的工作，可能才挣几块钱，但那已是他们一家人好几个月的生活费了，而真正赚钱的，是雇佣他们的那些商人。虎骨和虎皮，在世界各地的一些药店里，售价高达数千美元，这都是因为世人相信，年老体弱者服食猛兽的肉和骨头之后，能使他们衰弱的器官得以恢复元气，于是一只体态优美的猛虎，就被迅速熟练地肢解成肮脏交易的原材料，被装进塑料袋准备出售。狩猎最终被禁止，不过那时老虎也只剩下了2000只左右了，而且它们还面临新的同样是人带来的威胁。老虎的生存，离不开大面积的森林，然而它们的领地正在逐渐缩小,乃至消失,属于老虎的森林,正在以每年4600平方公里的速度递减着,如果这种情况得不到改善,老虎们迟早将有一天,无处可去。这是一场事关生存空间的斗争,即使自然保护区内的老虎也同样不容乐观。由于不能得到适合于野外生存的基因库,野生老虎将肯定会随着时间的推移而消亡。那么我们能为改进野生老虎的基因库做点儿什么呢?在拉斯加州的亨利多里动物园里,进行过一个外科实验,一只被麻醉的苏门答腊虎,准备接受人工授精,精液已经收集齐备,并通过了动物园实验室的质量检测,如果没有什么问题的话,部分精液将在手术中使用,剩下的将储存在一个精子库里。这种技术用在老虎身上,还处于初级阶段,其目的是希望有一天,通过这种手段把新鲜的基因注入那些受到近亲繁殖威胁的野生虎群中去。那么老虎的未来如何呢?在中国文化中,每隔12年就有一个虎年。虎年出生的人,据说都敢作敢为,而且热情奔放;据说属虎的人从不轻言放弃。而老虎自己现在需要的正是这种决心。孟加拉虎的虎仔已经长大了,然而野生的孟加拉虎如今只剩下了六七千只。它们会不会是最后的森林之王呢?也许老虎最强大的武器,就在于它秘密的生活方式,也许远离人类,才是它们通向未来的唯一途径。

狮 子 的 社 会

东非的塞伦盖提平原,横跨肯尼亚和坦桑尼亚两国,在这广袤的土地上,栖息着大群的食草动物,也栖息着多种猫科动物。世界上最大的狮群就聚居在这里。在食草动物吃草的地方,总有猎手在一旁窥视,等待着时机。狮子是非洲猫科动物中个头最大的,总是成群出现,它们比其他捕食动物更具危险性,一只成年雄

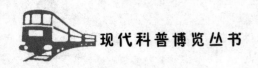

狮体重在200千克以上，只有少数非洲巨兽，如河马和大象才不是它们追捕的对象。一群狮子通常有20只以上的母狮与幼狮，有二三只雄狮，其中一只雄狮主宰一切。雌狮是狮群的永久性成员，而雄狮是临时性成员。狮子的家庭生活，尤其是交配带有暴力色彩。一个狮群有30头狮子，成年雄狮只有几头，大多数是雌狮和幼狮。在狮群中，雄狮的统治地位是不长久的，因为它警觉而易怒，而且它经常受到其他雄狮的挑战。公狮争斗的时候，母狮和幼狮都走到一边去。如果一头老雄狮的统治结束了，它若有尊严地离开狮群，就明智地避免了流血冲突，而它离群以后的生活将是十分艰难的。刚刚取得统治地位的新雄狮的第一次行动具有决定性意义，尽管显得异常残酷，它把狮群中的幼狮统统杀死，它要尽快地繁殖自己的后代。杀死了原先的幼狮，就可以在几天之内，使母狮进入交配状态。新的统治者在周围的灌木上沾上它自己的气味儿，以宣告它对这个狮群的占有。几天之后，母狮准备交配了。这只公狮总有一天也会被另一只公狮排挤掉，它必须最大限度地利用它的地位，尽可能多地生育自己的后代。狮子是猫科动物中最喜欢群居的种类。雄狮用鼻子闻雌狮身上的气味，以判断雌狮是否已春心萌动，交配通常很短暂，但在雌狮接受雄狮的几天内，可重复数百次，多数的交配并不导致生育。沼泽地狮群的一只雌狮，已经进入了发情期，它的老情人不在身边，又没有孩子需要保护，肯定愿意接受异性的挑逗，这一切雄狮们都看在眼里，但是在确定关系之前，雌狮要察看一下雄狮的忠诚程度和真实的意图，追逐是求偶过程中最重要的步骤之一。后来，它接纳了长着金黄色鬃毛的雄狮，不过交配结束时，它显得很不友好。对于狮子来说，求偶是一种温和的侵略行为，是一杯辛辣的鸡尾酒。虽然长着黑色鬃毛的雄狮也本能地想交配，但它与这对新婚夫妇保持了一定的距离，同伴与它有着同样的血统，如果这对夫妇生下孩子，作为兄弟，它会一起帮助保护幼狮的安全。交配以每小时2~3次的频率，一直持续到天亮。第二天清晨，长着金黄色鬃毛的雄狮已经筋疲力尽,需要躺下来休息,接着该轮到它的兄弟了。处在发情期的雌狮,可以与任何不期而遇的异性交配,不过它多半不会因此而怀孕,狮子的社会以雌狮和它们的后代为中心,不过关键在于这些幼狮能够得到长大成年的机会。为了保证与这些雄狮的关系,不只是两个晚上的露水夫妻,雌狮也许要几次进入发情期,但不会怀孕,只有等雄狮们打算为一个能够预见到的未来、与雌狮共同生活、准备为它的家庭冲锋陷阵时。雌狮才会怀孕。第三天天亮的时候,与雌狮出双入对的,又是长着金黄色鬃毛的雄狮,看起来,它俩又在一起过那种毫无节制也不会有什么结果的性生活。据估计,一年之内,狮子需要交配3000次左右才有可能怀孕。对于夫妇双方来说,为了保证传宗接代的顺利,它们唯一的选择,就是寻找恰当的时期,持续不断地进行交配。

当快要生产时,雌狮就会离开狮群,去寻找一个巢穴,它们寻找一个灌木丛,这样其他食肉动物很难发现。有只雌狮产下了4只幼仔,幼仔在出生时什么也看不见,体重仅在1~2千克之间,几天后,嘴里长出了第一批牙,但仍紧闭双眼,直到两天以后,情形才有些变化。

雌狮把时间用在给幼仔喂奶、理毛、猎取食物上,幼仔并不跟随妈妈去进行猎食冒险,它们要长到4个月的时候才断奶。在此期间,它们待在窝里,藏在妈妈为了避开鬣狗和豹子的伤害而为它们精心选择的巢穴中。尽管有这样的保护和照料,也只有1/5的幼仔能够活到2岁。幼狮在灌木丛中要隐居8个星期,3个月大以后,它们将跟随妈妈和狮群中的其他成员四处游荡。幼小的狮子淘气而鲁莽,游戏成为这个年龄日常生活的重要部分。这群狮子统治着这片领地,并防守着它,不让入侵者进入,雌狮们非常团结,共同养育着它们的后代。狮子对炎热很敏感,常常要在树荫下乘凉,它们一天的睡觉时间,可长达20小时,但是对于幼仔的安全,却从未忽略过。在雌狮警觉的注视下,幼狮带着极大的好奇心，注视着周围的世界，有时会爬到一些死树的树枝上。有些科学家认为幼狮的游戏是从巢穴中开始的。这时它们的爪子和牙还不锋利，不会造成任何伤害，稍微长大一些，它们就会以一个无生命的东西为假想敌。玩捕捉、逼近、急跑、猛扑等游戏，就像一只猫扑向一个毛线团。一些雌狮的幼仔，是在差不多相同的日子里出生的，母狮们要出去捕猎了，把幼仔留在类似托儿所的地方。其中一个妈妈总是留在后方，来保护这些幼仔。雌狮溺爱自己的孩子，不管自己是否困倦，总是把陪伴孩子放在第一位。幼狮喜欢相互紧贴着身子躺着，紧挨着成年的狮子。

在非洲，有一头被遗弃的小狮子，它得到了人类的帮助。

有一头名叫辛加拉那的小狮子被遗弃了，它得到了人类的帮助。辛加拉那的出生地叫伦多罗兹。那里是一个广袤的狩猎公园，位于南非，是典型的狮子之国。它的救命恩人吉里安·冯好顿(音)，从来没有想过要靠养育幼狮谋生，更不适应丛林地带严峻的生存条件。

据吉里安·冯好顿说，他从没想过在丛林里度过一生，他在城市里长大，本以为一生都应该待在城市里。多年来，他一直做摄影记者，后来做电视播音员。到丛林里来，真是太突然了，连生活都发生了戏剧性的变化。吉里安的伙伴约翰·瓦提是野生动物摄影师，也是野生资源保护主义者，他的背景却完全不同。

约翰·瓦提的父亲是个猎人，从4岁起就打猎，在12岁时，杀死了第一头狮子。但是人们的伦理观变了，大家都认为打猎是错误的，所以他也改变了观念，用摄像机拍了13年狮子。他说："狮子是一种迷人的动物，真是太迷人了。"凭着多年的经验，约翰·瓦提知道辛加拉那为什么被遗弃，辛加拉那的母亲是一头年轻的狮子，初次生育，但头胎只生下一只小狮子，这对母狮来说意义不大，因为抚养一头幼狮和抚养几头幼狮需要花费同样的时间和精力，所以父母就把它遗弃了。

他们最初只想让它活下来，一切都那么突然，令人震惊，他们又好奇又困惑,不知道该做什么、不该做什么,怎样抚育野生动物,一点儿经验都没有。约翰连同野生动物打交道的经验也没有,虽然他一生都在丛林里度过,一直观察动物,在远处给动物摄像,但是他们两个人,谁也不知道该怎么办。幼狮不是天生就会用奶瓶,它们的生理结构与人类不同,通常不会用奶瓶,但是辛加拉那马上就学会用奶瓶,它好像一出生就上了轨道,知道自己降生在什么地方,人们让它怎么做它就怎么做。几小时后,辛加拉那终于活下来了。约翰和吉里安因为成功而感到欣喜。但很快发现问题只是刚刚开始,麻烦还在后面。他们都觉得,如果运气好的话,应当想法找到一群狮子,把它送回去。头3个月至关重要,因为3个月后幼狮就得吃肉了,他们觉得如果这时候找到一群狮子,让它回去最合适。

狮子不会数数,如果拣到一只被妈妈抛弃的幼狮,此时又来了一头母狮,带着一群小狮子,它对别的小狮子只会无动于衷,如把拣来的狮子搀进去,狮妈妈也看不出什么差别,3只、4只、或者5只,它区分不清。但是如果出了岔子,因为某种原因,母狮嗅出了异味,发现弃婴不是自己的亲生孩子,就会咬死它。他们发现了一群狮了,幼狮比辛加拉那仅稍大一点儿,他们争论了很久,吵得很厉害,争论的焦点是应不应该尝试一下。问题是野生幼狮与人工抚养的幼狮稍有差异,说到底风险太大了。

从此之后,他们搬到了丛林里,在丛林里辛加拉那接触到的所有东西,都和野生环境相差无几。它对任何能动的东西都感兴趣,急于看个真切。它对大象产生了好奇心,紧步它们的后尘。但是它无法跟真正的狮子家族学习。它不知道丛林中的现实相当残酷,别的狮子怎么才能最终接受它呢。统辖着这一地区的,有两头强大的狮子,几乎可以断定,其中一头狮子,就是辛加拉那的爸爸。一天夜里。它爸爸来了,在营地周围转来转去,显然它嗅到了辛加拉那气味,它发出吼声,意思是这里是它的领地,不过,要是它真的发现了辛加拉那,恐怕会杀死它的,因为它不知道辛加拉那是它的孩子。他们一直很担心辛加拉那，它终归要和其他动物打交道，但现在为时尚早。若碰到期了蟒蛇，身陷困境，他们知道它会被咬伤，但也知道不会被咬死。现在应当袖手旁观，看着事态的发展，因为他们知道，对它来说，这是一次很好的亲身体验，有了这番经历后，它才能懂得蛇是一种可怕的动物，或许下次碰到蛇，不会像对待这条蟒蛇一样客气了。

辛加拉那很快长大了，虽然它还很温柔、很安静，但已经成为强健有力的危险动物。约翰一直在非洲寻找，想找当地人允许他们释放辛加拉那的一个地方，因为它需要安全。当它遇到人时，不会被人伤害。他们最终在非洲南部的赞比亚，找到了这样的地方。

约翰和吉里安把希望寄托在这里，指望着辛加拉那能和当地的狮群和睦相处。听到狮子的吼声，辛加拉那立即做出了反应。吉里安发现它在侧耳聆听，觉得那叫声触及了它的灵魂，激发了它的本能，它好像感悟到什么。在伦古阿峡谷，随着旱季的到来，所有动物都来到河边，动物的种类繁多，许多动物都可能成为狩猎的目标。而后一群本地狮子也来了，那群狮子也走进旱季河里，一开始，辛加拉那对它们没有表示出什么兴趣。但是随着繁殖期的到来，出现了一些变化。辛加拉那觉得它与狮群打交道时，最先接触的是雄狮，觉得雄狮长得很帅，它很自信。雄狮躺在那儿，任凭辛加拉那向它频频送秋波，它在雄狮附近跳来跳去，然后跑开。他们一直期盼着这一天，一直期望着辛加拉那能在野生世界找到安身之地，而不是总和他们在一起。他们希望这种接触能成为催化剂，与雄狮交配后，它就能成为狮群中的一员，这样它就有理由离开他们，生下小狮子，成为地道的野生动物。只要它同雄狮交配，那就意味着，狮群接受它了，他们根本没有想到，母狮子的反应与雄狮子的反应截然相反。一天傍晚，辛加拉那终于独自游过河，朝发出声响的狮群走去。约翰和吉里安准备离开它，返回家园。

但是第二天早晨,辛加拉那又回来了。他们看见了它,它一定是从一公里外跑回来的,从它的身体姿态和站立的方式,他们知道它一定碰上了可怕的事情,它毫不犹豫地游过河来,冒着被鳄鱼咬死的风险,完全没有平日的小心翼翼。它直接朝他们跑来,遍体鳞伤。他们发现,辛加拉那与雄狮做爱时,母狮子们妒火中烧。不肯让它与雄狮交配,不断对它发起攻击,它们咬了它的脊骨,多么深呀!尽管它伤得很厉害,却能够康复。它会渐渐懂得,怎样成为一头真正的狮子。它一直想返回狮群,却受到排斥。它一定对自己的遭遇大惑不解。但有一些好兆头,雄狮们都喜欢它,还有一只母狮也开始召唤它,它跑过去与它一块消磨时光,然而凡事都有两面性,就不利的一面而言,狮群里的母狮们还是猛烈地攻击它,它无法理解这是怎么回事,当然,吉里安他们也感到困惑不解。

　　随着辛加拉那再次进入发情期,雄狮们求爱时更大胆了,辛加拉那受到雄狮们的关注和诱惑,走近它们,准备交配。但是雄狮们不是没有性伴侣的。群落里有5只母狮,它们来到营地旁,因为它们知道,在这儿能找到辛加拉那。夜半时分,辛加拉那再次受到5只母狮的攻击,就在它与雄狮做爱时,母狮们发动了攻击。辛加拉那又一次被感染了。虽然人们竭尽全力抢救它,感染却越来越厉害,几星期后,辛加拉那终因伤势过重而死去。

　　狮子有着传奇般好猎手的名声,尽管它们捕食的成功率只有25%,雌狮独自或成群地对猎物发起攻击,这些攻击对狮子有时是很危险的,因为一匹斑马可以用准确的定位踢伤来杀死它的追猎者。通常狮子咬住猎物的后颈部,或用锋利的犬齿刺穿猎物的脊髓,使猎物死亡。雄狮很少参加这种捕猎的冒险,虽然它们总是第一个享用雌狮的战利品,在相对比较清静的水塘,只有几只秃鹫光顾,它们走到那里,准备清理一头野牛尸体上的腐肉。对于一只秃鹫来说,这头野牛将是它们仅剩的一顿饭,而对于一只狮子来说,这只是它在傍晚捕猎之前的一顿便餐。在大群食草类动物出没的地方,狮子正在伺机捕捉一只没被照看好的幼仔,或一只因为年老或患病而行动迟缓的成年动物。捕食的失败,远远多于成功。对一只母狮来说,它把猎物赶到另一个捕食的母狮的口中,因此它自己的失败也还是胜利,这是狮子群居的优势。这是一个规模相当大的狮群,它包括3只成年的雄狮、7只雌狮和17只年龄各异的小狮子。肯尼亚的马赛马拉国家自然保护区,是世界上独一无二的野生动物避难所。它们赖以生存的家园,是一片离马拉河不远的金合欢树丛和草原、森林。这里一年四季都有斑马、瞪羚和其他动物出没,它们保证了这个大型狮群的食物和健康。这里的生活还算悠闲,但在西南方向几公里以外,则完全是另外一个世界。

穆西阿拉沼泽可能是整个马拉地区狮子最好的栖息地,然而眼下的情况并非如此。8月底,每年固定在这个时候迁徙的角马,都要拥到沼泽地里来饮水,然而今年,它们却一个也没有来,生活在这里的狮子只好在力所能及的情况下,弄点儿可能吃到的东西。一般来说,狮子不到万不得已,不会捕食水羚,水羚的个头很大,不好对付,据说味道也不太好。想抓住它们可不是一件容易的事。与所有面对生存压力的狮群一样,它们也分成了几个小组。沼泽地边缘的这个地区,只有3只雌狮和年龄大小不同的6只幼狮。其中有2只小狮子已经长大,它们的胃口不小,但还不太清楚怎么样捕食。斑马和角马随雨季定期迁徙,寻找茂盛的绿草。气候的变化,也许还会改变沼泽地狮群的命运。根据红外线摄影机拍摄下来的画面,那天晚上,狮子们禁不住饥饿的折磨,冒险从藏身的地方走到一片开阔地上,可是唯一的猎物,就是一群小心谨慎和高度警惕的南非大羚羊。沼泽地的雌狮们可不敢怠慢。首先将羚羊群分割开来,黑暗中,羚羊群一片慌乱。狮子们发动了突然袭击,成功地猎杀了其中的两只,这应该可以供整个狮群饱餐一顿了。然而它们的麻烦还远远没有结束,这次的问题,不是由入侵的雄狮,而是由鬣狗引起的。对于正在觅食的猫科动物来说,一两只鬣狗构不成太大的威胁,然而随着鬣狗数量的增加,幼狮们开始有些慌乱了。年轻力壮的雄狮尤其不愿意放弃来之不易的食物,但是最后它们也不得不在人多势众的鬣狗面前低头。兽中之王只好屈服。

接连下了几天雨之后,沼泽地附近出现了越来越多的猎物,就在这里往南10公里的地方,来自塞伦盖提平原的成群角马,正蜂拥北上,它们遵循的是一种古老的传统,为寻找新鲜的绿草,不知疲倦地迁徙。今天这里聚集了大约五六千只角马,不过在抵达沼泽地之前,它们还有最后一个巨大的障碍需要跨越。这一段时间,阴雨连绵,马拉河的河水暴涨,角马们并非一定要涉水而过,有时它们确实就不过河,但寻找食物的强烈愿望使它们敢于面对任何挑战,克服任何困难,甚至不惜献出自己的生命。角马如潮水一般,拥进狮子的领地,不过这些猫科动物,并没有因此获得对生存至关重要的喘息之机,具有讽刺意味的是,持续的降雨使角马群只用了几个小时,就与沼泽地狮群擦肩而过,三三两两地散步到附近的草原上。角马通常是在一天中最热的时候,到沼泽地里来找水喝,而凉爽的天气和数不尽的水洼,使它们不必都挤在一起,这对于沼泽地狮群来说,可不是什么好事,跟着角马迁徙,就意味着要侵入别的狮子领地,那比饥饿的威胁更加危险,所以它们只能等待,偶尔再捕杀身边屈指可数的一些猎物。

从这里往北10公里,完全是另外一个天地。狮群在不断地壮大。雌狮相互之间,都有一定的亲戚关系,它们合力捕杀大型猎物,保护小狮子和食物不被别人抢走。幼狮可以选择在任何一个雌狮那里吃奶,虽然并不是所有的雌狮都心甘情愿。由于夜间找不到食物,无奈之下,狮群只好改变传统,改在白天捕猎。面对一头成年的雄长颈鹿,大多数狮子不敢贸然行动。太阳快要落山了,获得猎物的可能性越来越小,狮子们只好往回走。可是回家的路,又被马拉平原上最强大的猎物——大象挡住了。每当狮子和大象狭路相逢的时候,让路的总是狮子。有时候狮子并不会立即就给大象闪出一条道来,还得等大象露上两手才行。

狮群的生活,算是比较成功,但这种和睦蒙上了一层阴影,有一头雌狮被赶出了狮群,其他的成年狮子都对它敬而远之。天真的幼狮们看不出,这位婶婶与其他狮群的成员有什么两样,仍然继续与它玩耍,可是妈妈一回家,这种游戏便顿时终止,在狮群的日子过得不错的时候,这种明显的敌意也许过于残酷,可是在食物供应已经有些朝不保夕的情况下,哪怕是一张嘴也显得多余。不管怎么说,这只雌狮的处境都值得同情。对于南面沼泽地的狮群来说,艰难的日子仍在继续。不过这里发生了一个重大变化,生活本来就捉襟见肘,而其中一只雌狮又生了孩子,尽管新生命象征着希望,可是在目前的情况下,人口的增长,只能使食物资源的紧张状况进一步加剧,幼狮要想活下去,它们的妈妈和姑姑、婶婶们,就得更加努力地工作,寻找更多的食物。沼泽地狮群中,饥饿的雌狮开始打长颈鹿的主意,这次看样子有希望,因为鹿群中有一只尚未成年的小鹿。可是鹿妈妈的警惕性很高,要是被它的前蹄踢一脚,可不是闹着玩的。雌狮们反复地确定潜在的目标,小心翼翼地靠近,寻找下手的机会。这是一场公平的游戏。可是退一步说,追逐一头体重将近1吨的大羚羊,还是有点儿不自量力。最后还是疣猪为狮子们提供了一顿可口的饭菜。可是这番努力的回报,还不足以满足狮子的胃口。狮子偶尔也会追杀那些来沼泽地饮水的野牛。不过它们只有在集体协同作战,一起将个别猎物孤立出来的时候,才有成功的可能。沼泽地的雌狮们又一次错误地估计了形势,追猎者反倒成了被追捕者。狮群又一次享受到了动物们蜂拥而至的好处。斑马的到来,使一些雌狮敢于冒险在白天捕猎。望眼欲穿的幼狮们早晨将分享不到妈妈劳动的成果,它们得等到夜幕降临。

黑暗使雌狮在面对猎物的时候,具有先天的优势,可是它们之间的竞争仍然是公平的,因为这些猎物让狮子们把自己能力发挥得淋漓尽致。这次雌狮的目标,是一头孤零零的公野牛,可是这头野牛正值壮年，不好对付，它肯定不会轻易地屈服。刚刚来到这片土地上的斑马没有离开，尽管它们对这里的一切都不熟悉。所有的雌狮联合起来对斑马群形成了合围之势，有几只从开阔地靠近斑马群，其他的则埋伏在远处茂密的草丛中。这个战术大获成功，晚上狮群的每一个成员终于可以大吃一顿了。那只被驱逐出去的雌狮，它能做的就是等待。

第二天，220多千克重的斑马尸体，已经被庞大的狮群肢解得只剩下一个骨架了。只有等雌狮和它的孩子们吃累了走开之后，被赶走的那只雌狮才有机会溜回来，吃点儿残羹剩饭。雄狮完全可以容忍它的存在，也许甚至还会跟它养育后代，可是如果没有其他姐妹的合作，这只雌狮生下的孩子，肯定活不下去。它如果单独捕猎，个人的生活也许会好一些，然而重新回到集体的愿望比什么都强烈。为什么一个人丁兴旺的狮群，会觉得有必要将它们中间的一员赶走呢，也许是因为它的血缘，与大多数的雌狮相隔甚远，于是大家便把它当做陌生人看待，要不就是因为狮群的抚养能力已经接近极限，哪怕只多一只幼狮或雌狮，也会消耗有限的食物资源，使整个狮群无力承担。虽然这样的行为显得有些残忍，可是有助于确保现有幼狮的健康成长。虽然食物短缺，可是不久前刚刚出生的小狮子，还是令人惊奇地活下来了。将来它们唯一的希望，是有更多的猎物来到这片土地上，或者得到它们的妈妈，以及姑姑、婶婶尽心尽责的保护。

雄狮在某一天会继续向前走，而雌狮将一生都生活在一起。

在狮子家庭中，年轻的雄狮在它的父亲被另一头更强壮有力的雄狮代替之后，就被逐出狮群，它必须证实自己的实力，才可能被一个新的家庭接受，而雌狮则永远不会离开生它养它的狮群，并会轮流帮着养育它们的侄儿、侄女。这是一个古老的家庭结构，它有复杂的统治规则和等级制度，它已经存在数个世纪，并将继续延续下去。这也许就是狮子惯有兽中之王称号的原因之一。

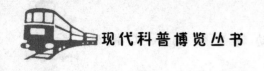

残酷的杀手

如果我们能摒弃主观偏见,来观察蛇,将发现它是一种生存能力极强的生灵。它克服了重重困难,非常成功地在这个充满敌意的世界上生存下来了。早春,有一条蝰蛇刚刚从地下的冬眠洞穴爬出来,春天的阳光,把这些从冬眠中苏醒的蛇聚集到一起。这就是传说中那种神奇的蛇的聚会,上百条蛇滚成一团,全是雄蛇。雌蛇现在仍在地下,两周后它们才出洞。蝰蛇是英国唯一的毒蛇,它的脖子上有几个V字标记,但是这些蛇的聚会,并没有什么邪恶的阴谋,这些冷血爬行动物聚集在一起,只有一个原因,为了温暖。蝰蛇一年中的第一个行动是蜕皮,蜕皮的第一个迹象是蛇的眼睛开始出现云状斑纹,这是因为它的皮下腺长出一种分泌物,将外面的旧皮与里面的新皮分开,这种生理过程,一年中要进行好几次。旧皮从头部开始脱落,最后蜕下的是一块完整的皮肤,蜕皮能帮助蛇去掉身上的寄生虫和使它长大。在过去,蛇的这一习性,使它显得越发的神奇和不可思议,有人还因此而认为,蛇是永生不灭的精灵。现在雌蛇也加入了这种聚会。它们巨大的脑袋与雄蛇形成鲜明对照,它们将一起待上几个星期,这种聚会,就是传说中的奇景——蛇的舞会。这种现象,曾经被误认为是一种求爱仪式,实际上它们都是雄性,彼此都想把对方推倒在地上。它们正为雌性的交配权而进行争斗,有时这种争斗会变得十分激烈,但是它们从不咬伤对手。有时候这种争斗,正像美妙的舞蹈一样,轻松典雅。

在西方,许多关于蛇的神话传说,都赋予它们男性生殖器的含义,从而使它们成为繁殖力的象征。然而关于蛇的性行为,要比这些传说更为古怪。蛇在进行交配的开始阶段,非常从容,雄蛇用身体缠绕着雌蛇，这种状况能持续几天，只有当遇到其他雄性的干扰时，才暂时分开。交配时，雄蛇抬起尾部响应雌蛇，雄蛇的性器官上，有一对交配器，但是每次只使用一个，由于交配器上都包着一层软骨，一旦与雌性结合，再想脱身可不容易，结果要4个小时才能分开，在此期间，雌蛇经常移动，雄蛇则顺从地被拖在身后。交配结束后，雌蛇开始孵卵，蝰蛇的卵就留在身体里，直到最后孵出小蛇。蝰蛇靠阳光晒热身体，使卵保持温暖，这种孵卵方法，使蝰蛇能够生活在比自己的同类更靠北的地方。夏末蛇卵已经在雌蝰蛇腹中，孵化了4个月，小蛇就要开始出生了。蛇卵外面包着一层透明薄膜，因为孵化是在雌性体内进行的，有雌性的身体做保护，所以没有保留卵壳的必要。出生后小蛇用自己的头撞破薄膜。6～12条小蛇生下来了。它们试着挣扎了半天，才撞破卵膜，它们开始进入一个危险的世界，它们当中，有些将成为各种食肉动物的便餐，长大以后，又随时都会受到人类的威胁。蛇被认为是从蜥蜴进化来的，长期的钻洞生活，使它丧失了四肢，现在随着绝大多数蛇又回到了地面上，但其中有许多种蛇仍然从事地下捕食。虽然失去了四肢拉长了躯体，但蛇却比大多数捕食动物更有优越性。对蝰蛇来说，一只温暖的老鼠就像夜晚的灯塔一样，闪闪发光。如果蝰蛇保持不动，就不会被老鼠发现。人们认为，蝰蛇成像时，同时利用了眼睛和热感应器官，这就像在暗中作弊一样。毒牙连着特殊的关节，直至最后一刻才弹开，就像弹簧刀一样，不用时可以收起来，所以毒牙可以长得很长，以便注射毒液。蝰蛇只有自卫时才会攻击人类，可当它们寻找食物时，情况就不同了。毒液的射程并不远，靠近以后再注射，需要复杂的谋略。蝰蛇的撕咬与众不同，直立的毒牙能够探出口外。毒牙在受害者的体内只停留不到一秒钟的时间，但这已经足够了。毒液由蛇面颊里的腺体分泌，并且通过特殊的导管流进毒牙。毒液有50多种成分组成，每种成分都有明确的作用，有些化学物质可以防止血液凝结，或者在你还活着的时候，溶解你的组织，其他物质则攻击神经系统,引起幻觉。毒液并不是专为攻击像我们人类这样大型动物而设计的,但是面对毒蛇的毒牙,你仍会感到不安。在几分钟之内,身体开始流血,血压急剧下降,随后是剧烈的疼痛、肿胀、眩晕、心悸,即使度过了危险期,仍然会有坏疽和肾衰竭的危险。

毒液注入老鼠体内后,老鼠的体表开始出血。即使逃出了蛇的视线,它也会留下一条热感应轨迹,每走一步都会暴露自己的位置,毒液也会刺激它排尿,从而留下自己的气味儿,热感应轨迹变凉以后,蝰蛇只需改变策略,循着气味儿追踪,事实上它的嗅觉比猎犬更灵敏,它的舌头可以前端分叉,可以全方位地搜索空气,提取气味儿,送入口中分析,每次弹出舌头,都是在刺探气味儿,嗅出老鼠的位置。即使老鼠死了,它留下的热感应和气味轨迹,仍会保持下来,由于蝰蛇有出色的追踪技能,它可以利用毒液获取猎物。毒液的主要成分是蛋白质,合成毒液需要消耗大量的体能,所以绝对不能浪费。一棵挂满果实的罗望子树,引来了一群猕猴,与往常一样,有的猕猴在担任警戒员,它们都填饱了胃口,非常兴奋。这么大的蛇可以杀死并吞下一只猕猴。蝰蛇既没有天敌,也没有朋友,各种动物都竭力和它保持距离。

在科摩多岛和云克岛上,从10月到第二年1月,雨季会持续长达4个月之久,在夏天温度也会上升到26摄氏度,但在多雨的冬天,会降至接近0摄氏度。巨蜥需要靠水来生存,由于是冷血动物,当温度高于23摄氏度的时候,巨蜥不得不采取行动来降低自身的体温。它会长时间待在阴凉处打瞌睡,还会时常洗个冷水浴。在漫长干燥的季节里,食草动物总是缺少水,河流都干涸了,只有阴凉处留下的泥巴。靠近河边的树林,是蜜蜂最喜欢的环境,所以它们在树枝上建立了巢穴。巨蜥主要的猎取对象是鹿,但科学家并不确信这个岛上鹿的数量,可以足够维系巨蜥的生存,但在这块密集居住着巨蜥的土地上,恰巧有大量的食草动物。科摩多巨蜥有非常精明的狩猎技巧。有一只鹿的大腿在几天前被巨蜥咬伤,但它逃脱了,现在两天过去了,伤口腐烂,而且体质变弱了,它成了最易攻击的目标。巨蜥能够消化大量的食物,它平均每个月要吃掉27千克的肉。在这个岛上,每年要有4800头(匹)鹿、野牛和野马,因为要满足3000只巨蜥的巨大胃口,而遭吞食。与大多数野生动物一样,科摩多巨蜥也害怕人类,但也发生过意外,据说在1974年,一位79岁的老人在岛上失踪了,他被巨蜥吞食了。科摩多巨蜥有时候也吃蛇和其他爬行动物,蛇在亚洲热带地区非常普遍,尤其是在这些岛屿上。蝮蛇主要是在夜间活动,它在口鼻部两侧各有两个孔穴,能够接收红外线的辐射,这使它完全可以在黑暗中侦测到恒温的猎物。在保护自己不受外来侵害的时候,眼镜蛇可以把嘴里的毒液喷到1.5米远的地方,当然被它咬一口也是非常可怕的,但在科摩多岛上最危险的动物是带有剧毒的蝰蛇,科摩多巨蜥要把这些毒蛇作为食物,还真要有点儿冒险精神。7月是干燥季节的初期,同时也是巨蜥交配的季节,巨蜥为寻找配偶会争相献媚,雄性会花上好几天,甚至是几个星期,来孜孜不倦地追求着雌性,等待它的许可,竞争非常激烈。雄性数量与雌性的比例是4∶1,雄性会毫不犹豫地相互争斗,这样的争斗,可能会充满暴力。在这种场合下,两个对手会直起前身,试图将对方击倒,胜利者会压在失败者的身上,以显示自己的优胜,但在这儿,体重的差别,就足以解决这个问题了。科摩多巨蜥求婚的方式和其他爬行动物一样,雄性用鼻子来回嗅闻雌性,摩擦雌性的口鼻和脖子。但这位身长年轻的女士,还没有做好准备,它溜掉了,雄性巨蜥只好从头再来。经过很长一段时间,这只身长不过1.8米的雌性终于待着不动了,暗示着自己已经做好了准备。最后雄性在雌性的身上,利用它的一条后腿,把雌性的身体转过来,雌性抬起尾巴,雄性和雌性的交配时间,可达2~3分钟。每次交配的时间,持续较短,但会在接下来的几个小时内,重复多次,然后雄性会做一件任何其他爬行动物都不会做的事,它会在雌性身边,待上好几天,好像在看护着它。雌巨蜥会选择洞穴,干

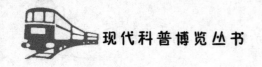

涸的河床,或者树桩底下,作为自己孵卵的场所,如果这样,它能够产下大约20个外壳坚硬的卵。巨蜥有时会把自己的卵当成鸟卵误食,对于科摩多岛上的巨蜥来说,自然选择是从卵开始的。

当卵孵化后,新出生的科摩多巨蜥大约有30厘米长,它们的动作比成年巨蜥还灵敏迅速,但它也非常胆小,遇到一点儿危险,便很快爬到树上,连大型的动物都够不到它。树木也会为它提供主要的食物——昆虫和鸟卵。和其他种类的动物相比,雌性巨蜥不会保护自己的孩子。成年巨蜥会杀死并吃掉自己的后代。但在这种蚕食自己同类的背后,也有一定的逻辑。巨蜥只生存在科摩多和云克岛上,它们的生存范围,没有再进一步延伸,现在有600只雌性巨蜥生活在这些岛上,试想一下如果这600只雌性巨蜥,平均每年各生出20只小巨蜥,这儿会变成什么样子?虽然小巨蜥逐渐长大,危险也逐渐减小,但它在3岁以前,仍继续生存在树上,3岁时它已经有1.3米长。随着巨蜥越长越大,它已不能再爬树了,有些巨蜥的体重达到250千克,但科摩多巨蜥的祖先,在这个年龄时,身长竟达到6.3米,体重有2吨之重。

凶残的鳄鱼

鳄鱼的栖息地很广,可以在咸水、淡水、沼泽中寻觅到它的踪影。据考古学家称,现在已经发现了史前的鳄鱼化石,它可以达到12米,重量可以达到10余吨,最具有杀伤力的前颚头骨,它的长度就有1.8米长。

鳄鱼可能在早期就已经获得了进化上较大的成功,这种成功一直保留至今。现在我们把它们完整的世界展示出来,无论是在水上和水下、白天和夜间的生活,我们都能充分地欣赏到它们是怎样地精于世故。水下鳄鱼能像潜水艇一样控制浮力,不仅姿势完善,而且泰然自若,为了下潜,它们呼出空气,以减少腹部的容积,它们能够不露痕迹地下沉。当没入水中时,眼睛被一片保护性的膜遮盖,就像戴上了一副游泳用的护目镜。鳄鱼是冷血动物,它们依赖阳光和水的温度,来使自己的身体变暖或变冷,但是当冲锋陷阵的时候,它们具有惊人的力量和速度。它们是地球上最危险的淡水食肉动物,甚至霸王龙雷克斯也不可能取胜于它。鳄鱼完美的总体设计,使它们得以遍布整个热带地区。这个大家族,包括温带水域的短吻鳄、印度次大陆的长吻鳄和分布于热带南美地区的凯门鳄,它们的地域甚至已经扩展到了海洋。鳄鱼具有特殊的腺体,使它们能够忍受咸的海水,这是它们能够开拓沿海一带新的河流居住地的原因。还有少数种类,能够游过海洋,窄吻鳄是这方面的真正专家。它们具有一定的社会交际能力,在佛罗里达的沼泽地里,美洲短吻鳄尤其爱饶舌,在繁殖季节,吼叫声、呼噜声和嘶嘶声,组成一种极富意味的合唱的声音。从它们所在沼泽地里传出。雄鳄鱼正在呼唤远处的雌鳄鱼,但它们的吼叫有时会把竞争对手引过来,还是识时务一点儿吧,如果对手不予理会,雄鳄就稍稍展示一下自己肌肉的力量。对手离开了,现在可以集中精力寻找自己的恋人了。它体内强壮的肌肉,颤动着变成声波的振动,传入沼泽地。这力量,足以使水面摇晃起来。它的一部分吼叫,以比较低的频率辐射出去,人类的耳朵不可能听见,但这些亚音速的呼叫,具有令人震惊的穿透力,在水下的传播速度和距离可达音速的4倍。只有使用特殊的低频记录装置,才能欣赏到雌性短吻鳄听到的柔情呼唤,那是雄鳄浪漫的、无可抗拒的、低沉的情话。即使这种呼叫来自沼泽地的最远处,雌鳄也能很快地向呼叫的方向奔去。它们以身体的语言开始了更为亲密的对话。

它们的恋爱关系正式确定下来了,鳄鱼之间甚至有深情的抚摸,它们盔甲般的盾片,看起来很粗糙,但这只是表面现象,鳄鱼

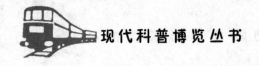
对于彼此的抚摸十分敏感,这样复杂的语言和行为,在现代爬行动物中也极为罕见。

尼罗鳄是所有鳄类中最友善的,它们一年一度聚集在一起,将头伸出水面,沐浴着阳光,此时它们绝不是度过懒洋洋的下午时光。整个鳄鱼群是非常有序的,每一条鳄鱼对群体中的动作变化,都保持着警觉的目光,一条5米多长的雄鳄,成为大家关注的目标。多达10条雌鳄在水中花了大量的时间,来引诱这条雄鳄,它们挤压自己的咽喉,摆出一副讨好的姿态。雄性鳄鱼也使用这种身体语言,它在嘈杂喧闹的水中表演,来炫耀卖弄自己。这些姿态增加了它的魅力。正是那些沿着这些雄鳄的身体,摩擦自己的雌鳄,常常在求偶中占上风,这种摩擦使雌鳄下颌下方的腺体释放出一种刺激性的油性物质,雄鳄闻到这种特有的气味儿,也放出它自己的鹿香式的气味,来回答雌鳄,水中的这种气味在交配前特别有效。几周之后,雌鳄已经准备筑巢,平时即使在晒太阳取暖的时候,成年鳄鱼也很少远离水的环境,而令人不可思议的是,鳄鱼生命中最初和最关键的阶段,却是在陆地上度过的,鳄鱼的幼体在出生时是包在卵中的。但它们仍然必须呼吸空气,重要的是鳄鱼妈妈必须将它的卵产在超过高水位的地方,这里比较安全。年复一年,鳄鱼只信赖同一个产卵地。一旦挖掘巢穴的工作完成,雌鳄就在一种近乎昏睡的状态下产卵。这个洞穴就是一个孵化箱,鳄鱼卵只有在热而潮湿的状态下才能发育,并且温度在27~34摄氏度之间,从赤道的非洲平原到高高的喜马拉雅山脉中的溪谷,所有的鳄鱼巢穴都维持在这个温度范围内,但却没有人知道,鳄鱼妈妈是怎样正确地做到这一点的。这个巢一旦被封住,鳄鱼妈妈就要保持90天的警戒。

温度决定发育中卵的性别,足够数量的雄鳄和雌鳄孵化出来后,偷袭者可能会被它们的喧闹和气味吸引,因此它们的妈妈将第一个到达巢穴。当妈妈把孩子们刨出来以后,必须尽可能快地把它们带到相对较安全的水中,妈妈使用的工具便是巨大的嘴巴。它下颌的皮肤,延展成一个悬挂着的摇篮,一次可以携带15个左右的鳄鱼宝宝,它把幼鳄放进一个小水塘中,它们彼此呼唤,这种对话会一直持续到成年。幼鳄的生长速度受温度的影响,气候越温暖,生长就越有利。它们的妈妈完全不吃东西,饿着肚子,充当守护天使,甚至还要防备它的鳄鱼同类。幼鳄的捕食技巧是与生俱来的,它们把眼睛、鼻子和耳朵露出水面,借鉴着父辈们使用的捕食战术。它们依靠群体生活和妈妈的保护使自己稚嫩的生命顽强地生长。即使如此,能存活下来的,也仅仅是其中的20%。凯门鳄是南美鳄类的代表,其幼类幸存的机会更小。

在委内瑞拉的沼泽中,野生动物的数量似乎很多,那是因为其他地方的水域正在干涸。干旱季节要持续5个月之久。有一些年份,干旱甚至比这还要严重,最终这些水塘完全干涸,留下凯门鳄处于暴晒和脱水的境地。体表包裹泥浆,可以暂时减轻痛苦,这是鳄鱼可以避开阳光的有效屏障。凉爽下来的水真是太珍贵了,幸存下来的水塘,开始变得拥挤,在这样艰难的时期,成年鳄通常很不情愿地挤在一起打发时日。干旱已经进入第六个月,一条长达3.6米的雄鳄开始迁移,去寻找有更多水的洞。鳄鱼在陆地上,可以爬行几天甚至几个星期,行程可达50公里.它终于找到了一个水坑,但是这里已经挤满了无家可归的鳄鱼。鳄鱼最不喜欢与其他鳄鱼靠近,那样必定会有麻烦。已经有7个月没下雨了,鳄鱼皮上沾着的污泥,被太阳烤干变成了白色,因为缺乏食物,它已经很虚弱了。一条鳄鱼没有到达另一个水坑就死去了,秃鹫又不劳而获了。像这么严重的干旱,在大沼泽地里10年才发生一次,如果再不下雨,更多的鳄鱼将要死去。

在肯尼亚的马拉河,每年迁徙的斑马,仅在这个时节需要穿越此河,当地的尼罗鳄,绝不会失去这些短暂的捕食机会,于是它们携起手来共同作战,它们花费数天时间,埋伏在河岸下的不同地方,等待着,密切注视着这一群紧张不安的斑马。只有当斑马决定上路时,鳄鱼们才占据最后有利位置。水流拖拽着斑马顺流而下,这时五六条鳄鱼从不同的角度控制了渡口。对鳄鱼来说,这也是一件不轻松的工作,但它们能没在水下,利用较深的缓慢水流向猎物靠近。水流的运动有利于斑马,鳄鱼被冲离了有利位置,它们与猎物失之交臂。鳄鱼付出了巨大努力,然而成功的希望却很小。但是鳄鱼在河边,仍然生活得悠然自得。角马来到这里,刚刚把头伸入水中,已经成了鳄鱼盘中餐。鳄鱼绝不仅仅是依赖大型哺乳动物,如角马、斑马等为食,它们的食谱惊人的多样化。一大群红嘴绿鸦雀来到这里喝水,它们忙碌的身影,激起了鳄鱼强烈的捕猎热情。当然它也有失手的时候。野水牛经过长途跋涉,想在水中洗一下自己冒着热气的身体。一头小牛独自远离了牛群,幸好这不是湖里最大的鳄鱼,小牛迅速地返回。牛群仿佛了解鳄鱼的动机,它们决定离开。也许被激怒的河马无意间避免了一场流血牺牲。羚羊喝水时多了一分小心翼翼,但是它们仍然躲不过狡猾的鳄鱼。鳄鱼具有强有力的咬合能力和坚硬的牙齿,但它们的上下颌不能左右地交错移动,也就是说它们不能咀嚼,于是它们在取食大型动物时,必须合作共事。一条或两条鳄鱼用它们的颌使劲地拉住动物的身体,而其他鳄鱼则旋转它们的身体,以扯下小块的肉。每一条鳄鱼都在等着轮到自己,这种有耐性的进餐方式,恐怕要花费24小时,才能使这一整队的就餐客人们得到满足。当它们表现出谦谦君子的风度,以及很强的适应性的时候,我们把鳄鱼视作残忍冷酷的动物,也许是过于简单了。

真没想到鳄鱼这位终极杀手,在进食的时候居然有如此谦谦君子风度。蟒蛇、巨蜥、鳄鱼都各有绝招,非常厉害,但它们都处境堪忧。为什么这么讲?现在全世界统计下来的爬行物种大概有七千多种,每年有数十种从地球上消失,有三百多种会成为濒危物种。按照这种计算方法,不出200年,爬行动物将彻底从地球上灭绝,难怪世界自然资源联合保护会会把科摩多巨蜥定为脆弱易受损的物种。

风雪同行

工业革命以来，以文明自诩，却又无限扩张、为所欲为的人类，已使数百种动物因过度捕杀或丧失家园而遭灭顶之灾。当地球上的最后一只老虎在人工松林中徒劳地寻求配偶时，当地球上最后一只苍鹰从污浊的天空坠向大地时，当麋鹿的最后一声哀鸣在干涸了的草泽上回荡时，人类也就看到了自己的结局！当人类造成的物种灭绝事件就像多米诺骨牌一样纷纷倒下的时候，作为自然物种之一的人类，难道就能幸免于难吗？善待动物就是善待人类自身。

加拿大北部位于北极圈内的地方，居住着爱斯基摩人，他们喜欢驾着狗拉雪橇奔驰在茫茫雪原上。

一年的夏天，雪原上常有狼群出没，而且狼群还多次偷袭村落，一时间人心惶惶。特别是那只被人们叫做伯罗的大灰狼，更是凶猛异常，被称为狼王。

北极的夏天没有黑夜。这天有两个猎人驾着9条雪橇犬拉的雪橇奔驰在广漠的雪原上。那是远近闻名的猎人艾克科和他的助手。艾克科非常勇敢，对自己的雪橇队充满了信心。这是一支强大的雪橇队，头犬叫尤加，是一头三岁的雌犬，它披着一身雪白光洁的皮毛，两耳像削尖的竹片，眼睛清澈透亮，奔跑起来如离弦之箭，没有一只狗能赶上它，而且它对主人也非常忠心。

但是艾克科这一次运气并不佳。出发的第三天，雪橇队遭到了狼群凶狠的袭击，尤加领着别的狗拖着主人不停地奔跑，想从危险的境地中冲出去。可是艾克科他们这次碰上的是猎人们谈之色变的那一群狼，领头的正是狼王伯罗。尤加等顽强的抵抗更激起了它征服的欲望，因为它还没有碰上过这样的对手。雪橇队

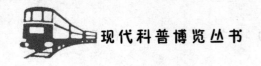

在冰天雪地里奔跑了很久,最后人和犬都已筋疲力尽,不得不停下来休息。可是狼王已经率领着狼群追了上来。

逃跑已经来不及了,艾克科决定将生存的机会让给助手,让他回村求救,自己则留下来阻击狼群。他将狗分成两批,把还能跑的狗让助手带走,他不忍心它们都丧身狼口。可是聪明的尤加不肯弃主人而去,它呜咽着咬住主人的裤脚,想拖着他一起走,艾克科只好把尤加留了下来。然后,他生起簿火,将剩下的狗集中起来摆成半圆形阵势,英勇地对付狼群的轮番进攻。当助手带着村里的人们赶来时,艾克科和他的狗已全部遇难,现场惨不忍睹。从此,人们对伯罗率领的狼群充满了刻骨的仇恨。奇怪的是,那次血战以后,伯罗的狼群不再像以前那样频繁地袭击爱斯基摩人的村落了。

有一天,一个猎人又不幸地遇到了那群狼,他想这下不可能活着回去了,就下了必死的决心,准备与狼群血战到底。可是,那只狼王看了他几眼后,突然领着狼群掉转方向走了。这时,他才注意到狼群中有一只"狼"白得耀眼,再仔细一瞧,那只"狼"还频频回头看自己,并发出了叫声,那分明是尤加!它为什么和凶恶的狼混在一起呢?它背叛了死去的主人吗?可是冥冥之中,他又觉得尤加不会。

猎人很快把这件事告诉给了村民,人们对尤加的遭遇充满了猜测。随着日子一天天过去,他们发现伯罗的狼群再也没有来袭击过村落。或许,是尤加在狼群里起了作用吧。

第二年,有个猎人偶然中发现狼群里出现了一只全身雪白的小狼,大家惊奇地悄悄叫它"白雪"。他们断定这是尤加和狼王伯罗的孩子,因此"白雪"其实是一只狼犬。不久,人们还发现在同辈狼崽中,能同"白雪"争强比胜的只有一只黑色的狼,猎人们叫它"黑球"。不久,在一次意外雪崩后的废墟里,爱斯基摩人发现狼王伯罗死了。很快,狼群分为两派:一派的首领是"黑球",另一派则跟着"白雪"。

又一个春天来了,老人帕利克带着两个族人出了门,准备猎取驯鹿。可怕的是,"黑球"却带着猎食的狼群盯上了他们。接着所有的狼开始轮番进攻,猎狗很快一只只地被撕咬而死。战斗到最后,帕利克也弹尽力竭了。

狼群开始一步步逼近,老人长叹一声,自认必死无疑。就在这时,"白雪"带着它的狼群出现了,尤加突然发出一声怒吼,狼群马上停止了进攻,只有"黑球"似乎还蠢蠢欲动,"白雪"马上冲了过去,龇牙咧嘴地对着它咆哮,"黑球"只得灰溜溜地退到一边。

帕利克惊喜万分地抚摸着尤加的头,轻轻地说:"谢谢你,老伙计!"原来,他是艾利科的朋友,尤加显然还记得他。这时"白雪"蹭到尤加身边,亲昵地摩擦着母亲的身体。刚才还充满了血腥味的战场一时静了下来。

就在这时,不甘心到手的猎物又跑掉的"黑球"猛然呼啸一声,向帕利克扑了过来。尤加发现后立刻冲上去挡住"黑球"的进攻。谁知急红了眼的"黑球"突然反过来在尤加的背上猛咬一口,顿时鲜血淋漓。"白雪"看到母亲受伤,马上一声怒吼,扑向了"黑球"。"白雪"和"黑球"不停地撕咬着,拼杀着,都红了眼,一直斗得天昏地暗,血把它们的背都染红了。

"白雪"抓住机会终于咬住了"黑球"的咽喉,并狠狠地咬了下去。一声长啸后,"白雪"从血泊中站了起来,狼群响起一片欢乐的吼叫声。"白雪"以自己勇敢的战斗作风赢得了狼王的地位,所有的狼都围在了它身边。

但是,帕利克看见"白雪"身上仍流血不止,看上去伤势很严重,说不定会有生命危险,他决定把这只英勇的狼犬带回去疗伤。他把"白雪"抱到雪橇上,尤加在一边"呜呜"地叫着,所有的狼都静静地跟着帕利克,一直跟到村旁。村里的爱斯基摩人发现老人帕利克身后竟跟着一群狼,都吃了一惊,纷纷回家拿猎枪,准备把这些天敌一网打尽。然而,帕利克及时地阻止了他们,并向族人讲述了"白雪"的故事,大家觉得应该放这群狼一回。分别的时刻到了,狼群围绕在"白雪"和尤加的周围,似乎依依不舍。一阵哀伤的嗥叫后,就朝远方奔跑而去。

在帕利克老人的精心照料下,"白雪"的伤势很快好起来,它还和老人建立了深厚的感情。老人的儿子苏贝也很喜欢这只聪明的狼犬。日子一天天过去,在老人和苏贝的训练下,"白雪"已经成了一只优秀的雪橇头犬。

可是不久,村子里开始流行一种叫百日咳的疾病,孩子们纷纷染病死去。镇长给外界拍了急电,请求血清援助。血清很快送到了离村子最近的雷奈尔镇,但还有大约1100公里的距离。这时由于白令海峡地区正遭遇着一场罕见的暴风雪,飞机和汽车都无法使用,唯一能使用的交通工具只有雪橇了。但是,天寒地冻,路途遥远,暴风雪中几乎无法看清道路。帕利克老人很着急,他对镇长说:"我老了,不行了,让苏贝赶着我的'白雪'去吧!"

以"白雪"为首的犬队载着苏贝出发了,村里的人们都出来送行。

一连几天,雪橇队日夜兼程。半个月后,这只雪橇队已经在返回的途中了。挽犬们都累得几乎要倒下了,连顽强的"白雪"也磨秃了趾甲,一步一个血印。可是,剩下的85公里是更为艰难的雪路。此时几乎是零下40摄氏度的严寒,狂风呼啸,卷着雪片抽打在人和狗的身上,眼睛根本睁不开。挽犬一只接一只地倒下,再也起不来了,苏贝不禁心急如焚起来。

就在这时,风雪中传来隐约的狼叫声。苏贝知道,在暴风雪中如果遭到狼群的袭击,雪橇队就只有死路一条,因为这时的狼群是最饥饿也是最残忍的,何况目前剩下的雪橇狗已经没有几只了,根本不是狼群的对手。绝望的苏贝拿起了枪,准备与狼决一死战。

狼群的叫声越来越清晰,转眼间,50多只狼已经盯上了苏贝的雪橇。苏贝把子弹填入枪膛,准备抵抗。突然,一个不可思议的奇迹出现了:当狼群逼近雪橇时,跑在最前面的"白雪"停住脚步,仰首对天,像狼一样叫了起来,这不是犬吠,而是野生的狼嗥。

狼群开始骚动了,它们飞快地冲向雪橇,其他的挽犬都哆嗦起来,"白雪"却兴奋得不断地吼叫。这时,从狼群中走出一个高大的家伙,它和"白雪"鼻尖对鼻尖,互相嗅了嗅,然后那条狼跑回狼群大叫一声,群狼便欢呼雀跃起来。苏贝猛然想起,它们正是"白雪"原来的狼伙伴,"白雪"还曾是它们的"狼王"呢。

接下来,在"白雪"的指挥下,狼群加入了它率领的雪橇队。尽管苏贝心里仍然惶恐不安,可事到如今,他也只能听天由命了。第二天清晨5点,雪橇队终于顺利地到达了村子。狼群停住了脚步,悲壮地叫了很久,然后消失在雪原之中。

血清送到了,近百个孩子得救了。

原来,人和野兽之间不会永远是仇敌关系,看似凶猛的北极狼也是一种重情重义的生灵。只要人们善待它们,它们一定能够成为人类的朋友。

无 意 为 敌

人类发明了宇宙飞船,来探索太空,寻找外星生命,但是我们却没能珍惜活跃在我们身旁的生命,没能全心热爱自己须臾不可离开、正在被工业污染侵蚀的家园。只要我们共同认识到这点,我们可以付出巨大努力,还给天空以蔚蓝,还给河流以清澈,让芳草鲜美,让阳光明媚,让春风和煦,让森林茂密,让消逝的良辰美景再现,让已有的不再逝去。

几十年前,黑龙江还比较荒凉,那时,时常有野猪出没。后来,人渐渐地多了,由于生计问题,野猪不得不纷纷离去,只有一头野猪留了下来。

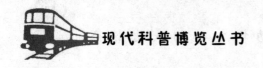

野猪饿了，便从芦苇丛里钻出来。深秋的冷风一吹，不禁打了个寒战。

芦苇丛边有一条小路，常有人迹。这时有个喝醉酒的人正好路过，张牙舞爪，嘴里不停地唱："我拿钢鞭把你打！"拐过弯，正和野猪碰了个照面，野猪躲不及，便先下手为强，猛扑过去，一口咬住那人的喉咙，将其拖入芦苇丛里吃了。

农村实行改革后，人越来越多，要种田，要盖工厂，要修水库，芦苇丛就被毁了，野猪没了栖身之地，只好背井离乡。

野猪就这样终年累月，躲躲藏藏，总想一夜之间跑出人海，回到森林里去。

很长时间，野猪才又逃到森林。这时的森林里，许多树已被砍掉。野猪只好往森林深处跑，跑了几天几夜，才看到几个同类，虽彼此不认识，但生存的艰难使它们走在了一起。

过了一段时间，野猪终于和一只小猪走出了森林。谁知刚走到丛林边，忽然听到枪响，小野猪中弹倒地。野猪一惊，回头就跑，但并没跑远，而是伏下观察。这时有一男一女，用绳子捆住小野猪的尸体，用棍子抬着向外边走。野猪悄悄地跟在后边，不一会就到了森林边。林边有一座木头搭建的房子，一男一女把小野猪的尸体抬到房子前边大约30米处。女人到房子里取来了刀具，开始剥猪皮。那惨景看得野猪心里直流血，真想扑上去将二人咬死。它悄悄迂回到房子跟前，准备偷袭。忽然听见婴儿啼哭，它心中一动，门虚掩着，嘴一拱就进去了。床很低，婴儿在襁褓里，外边用带子绑着。野猪用嘴一叼，很轻松地就将婴儿叼走了。婴儿的哭声惊动了正在剥猪皮的夫妇，等他们赶过来时，野猪早已消失在森林里。

野猪叼着婴儿逃出森林以后，来到了一个很隐蔽的山洞里。一放下婴儿，它就把自己的奶头往婴儿嘴里塞，它把这个婴儿当成了自己的孩子。

再说失去了儿子的那对夫妇急得像疯了似的，找遍了整个森林,可哪里找得到呢?

　　三年后的一个晚上,这对猎人夫妇已经睡觉了,突然听到有抓门声,接着传来野猪的叫声。男人很习惯、很利索地把枪摸在手中,用手电往外一照,一头野猪回头钻进了森林,在门前留下了一团东西。再仔细一看,却是个孩子,有三四岁。他们把孩子抱进屋里,屁股上那块独特的黑痣让夫妇俩惊叫起来,原来这正是他们的孩子。可惜他不会站着走路,不会说人话,但夫妇俩仍高兴极了。原来,野猪的年龄越来越大,自感离大限不远,但孩子太小,怕以后保护不了孩子,成了其他野兽的美味。想来想去觉得还是让孩子的父母带着保险,于是把孩子送了回来。

　　从孩子回来的这天起,孩子的父母突然对野猪产生了感激之情,于是他们不再打猎,而是搬到了南方的一个海边。

　　其实,所有的动物都无意与人类为敌。

难 忘 挚 友

　　以前人们环境意识淡漠,把动物捉来吃,捉来玩。现在人们环境意识提高了,知道要爱护动物,但又矫枉过正,走向极端。动物遇到天敌,帮它把天敌赶走;动物风餐露宿,人们奉上食物;天冷了享受暖气;天热了装上空调;把野生动物当做宠物养起来……实际上,这些做法违背了自然的法则,有悖于保护动物的初衷。

　　吉尔斯曾经被一家公司邀请去训练过一条"雄狮","雄狮"是一条狼犬的名字。

　　刚开始雄狮欺生,尽管在笼子里,仍冲吉尔斯龇牙咧嘴,怒目而视,一副神圣不可侵犯的样子。吉尔斯便去买了火腿肠,掰碎放在手心处,然后贴在有洞的笼子边,此招果然灵验。雄狮敌对的眼神终于有所收敛,多少有点不安地看了看他,又紧盯着他手心里掰碎的火腿肠,犹豫了一下,最终伸出长舌,穿过狗笼的洞口,只一卷,他手心也就空空的了。几天下来,雄狮见到他已是摇头摆尾非常亲昵的样子。就这样,雄狮和他一回生、两回熟,成为好朋友,一处就是一千多个日日夜夜。风雨三载,雄狮成了他的"黄金搭档"。

刚训练时,正值七月流火,酷暑难当。吉尔斯要给雄狮洗澡,可它怎么也不愿钻在水管下面,更是一见水就逃。如这几回,他只好把它强行拴起来,用水管向它脸上、身上没头没脑地喷。雄狮还想躲避,怎奈空间有限,它只有原地打转的份儿,再无他法,只好就范。看着雄狮浑身滴水,在水管下垂头丧气的样子,正暗自得意,不提防雄狮摇头摆尾,狠狠地甩了几下身子,把它身上的脏水溅得吉尔斯浑身都是。无可奈何,刚洗完澡的他,也只得跟着雄狮再度沐浴。洗了几回后,雄狮不但不逃不躲,每每经过水管下,都会自动停下来,等他给它沐浴冲洗,不洗好、洗够,它是不愿意离去的。

做驯导员,带犬巡逻,多是夜班,白天睡觉夜晚上班,很辛苦,人也很寂寞。漫漫长夜,只有雄狮相伴到黎明。好在雄狮乖巧、机敏,减去吉尔斯不少劳累。

这一日上午,吉尔斯正在睡觉,一阵急促的敲门声把他惊醒,开门一看,一位中年工人脸色惨白地站在门口。他问"您怎么了?"中年工人因过度紧张,说话结结巴巴,好半天吉尔斯才明白。

原来,关雄狮的地方是一间废弃不用的厂房,但这位工人并不知道,他有东西放在那间厂房内,而且手中有钥匙,那天偶然想起,便去开门拿东西,于是,碰上了狼犬雄狮。工人掉头就跑,经人指点,找到吉尔斯这里。听明白后他非常着急,埋怨道:"你看到狼犬,把门一下带上不就没事了吗,你跑有什么用,难道你两条腿跑得过四条腿吗?"他说完就往关雄狮的厂房跑去。心想,这大白天的,如果雄狮跑出去大开杀戒,那可怎么办?

来到房门口,见雄狮站在那里,很是怡然自得的样子。他松了一口气,走过去拍了拍雄狮的脑袋,心想这东西果然有灵性,通人情,分得清敌和友。由此,他对雄狮更加宠爱了。

有一段时间,雄狮的耳朵生病了,往外直冒脓水。原本竖起的双耳,无力地耷拉着。每当吉尔斯把它从狗棚里放出来,它总是十分痛苦地用力晃着脑袋,不时用爪子抓耳根处。吉尔斯用手掀起它的耳朵,可以闻到一股怪味。由于狗生病,用药钱是驯导员自己掏腰包,而且宠物药又特别的贵,所以吉尔斯就心存侥幸,希望雄狮的耳朵会慢慢自己好起来。但一个月下来,雄狮的"中耳炎"似乎更重了,它也特别难受,狗棚四壁全是它抓下的爪印。吉尔斯于心不忍了,带着雄狮去看兽医,并买了价格不菲的药水。当吉尔斯遵医嘱为雄狮清洗耳朵时,雄狮站在那一动不动,并发出"呜呜"的痛苦声,真像一个生了病却又十分听话乖巧的孩子。经过一段时间的治疗,雄狮的耳朵就好了。

三年后,吉尔斯要把训练成功的雄狮交还公司。临别的那天晚上,雄狮怎么也不愿上来领它的车子,还是吉尔斯把它哄上车后,关在笼子里。但它还是十分艰难地转过身子,嘴里发出呜呜的叫声。待车子开动时,雄狮仰颈向天,发出狼一般的长长悲鸣。

野性的柔情

狼的最可恶处,要算它们捍卫自己主权的原则和信念,在最困难时刻也不肯俯首帖耳,随时准备为自由而搏斗的"不可驯"性任你设下陷阱牢笼,任你定下千规百距,它自有一定主张。

解放前,一场罕见的大雨,引起了山洪暴发,浑浊的洪水急泻

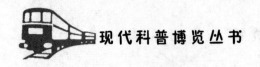

而下，水中不断有被山洪冲下来的树木、杂草，还有来不及躲藏的野山羊、野兔等动物。

村里的少壮劳力都聚在村头堵水，忽然发现洪水中漂下来一只母狼和两个小狼崽。它们在水中挣扎着，并不断发出凄厉、绝望的哀号。几个年轻人出于好奇，顺手用竹竿搭住小狼，而母狼则让洪水冲走了。

两个小狼崽被救上来之后，由于受到了惊吓，都很乖，并且总是想依偎在人的身边。大家你逗一逗，他玩一玩。但逗过玩过之后，就有人找来一根绳子，准备把它们吊死。正在拴绳子的时候，被村里的一位长辈刘老汉挡住了。他说："母狼刚才看到你们救了狼崽，如果它有幸不死，肯定会回来找狼崽。当它发现是你们杀死了它的崽，肯定会联合其他狼找上门来闹个天翻地覆。真要是那样，我们村从此后将永无宁日！"

有个年轻人说："照您老这么说，杀了它们是个祸，但若要留下它们，谁敢养啊！"

刘老汉哈哈一笑说："这不用你们操心，我自有办法。"说完，抱起两个狼崽就回家了。抱回家后，刘老汉找了个木箱子，在里面铺上一层干草，就把它们放了进去，又让老伴煮了几个熟鸡蛋喂饱了狼崽。两只狼吃饱喝足之后，就乖乖地睡着了。

第二天晚上村子周围就传来狼的嗥叫声。听到同类的叫声后，两个小狼崽也叫着在木箱里爬来爬去，显得焦躁不安，一直折腾到天亮。村里人着急了，都劝刘老汉赶紧把狼崽放了。刘老汉却说："不见母狼放不得，万一放出去它们再被别的动物害了怎么办？不用急，母狼一定会顺着气味寻上门来，到时候再交给它也不迟。"有人急了："那可是吃人的狼，不是人！万一出了事咋办？"刘老汉一笑说："没事。"

第三天晚上狼就寻到刘老汉门上来了，一下子来了10多只，不停地在门口又嗥又叫。老汉知道是时候了，在门内大声说："你们让开门口,我把崽给你们送出来!"狼群听见门内有人说话,立即惊慌地向后退了10多米远,只只目露凶光,死死地盯着大门。老汉在门缝中见狼向后退去,急忙打开门,把木箱端出来放在门口,自己远离站在一旁:"你们的崽是大家救的,现在完好无损地交给你们,以后少在村里寻事,领着你们的崽去吧!"群狼见崽完好无损地送出来,都一下子围上来,高兴得哼哼唧唧地又舔又叫。那头母狼果真没有死,它迫不及待地先让两个崽吃了一顿奶,当它发现木箱内还有剥了皮的熟鸡蛋时,母狼似乎明白了是老汉喂的,又见自己的崽活蹦乱跳的,很感激地对老汉低声哼叫着,群狼眼里一下子没了刚才的凶光。母狼和一头公狼叼起狼崽,就要走,老汉急忙取出箱中狼崽吃剩下的几个鸡蛋,放在地上说:"把这个带上,都是你们崽吃剩的。"狼明白了老汉的意思,一个老狼走过来,把几个鸡蛋叼进口里走了。

从此以后,这个村子再也没受到过狼群的骚扰。村民们从此明白了动物也和人一样,不但有感情,也有分辨好坏的能力。

快 乐 在 掌 心

狗仰视我们,猫居高临下地看我们,而猪,却平等地和我们相处。

思特住在新泽西州的约翰斯顿。一天他正陪生病的妻子斯蒂吃晚饭,突然接到一位朋友的电话。这位朋友说,他要送给斯蒂一只漂亮的小猪。这只小猪名叫贝克,4个月大。朋友说,它不仅长得可爱,而且善解人意,比任何一只狗都聪明伶俐。他相信,有了这只小猪的陪伴,斯蒂的身体一定会很快康复。

　　半年前，斯蒂患上了陌生环境恐惧症。患上这种病的人对周围的人群和环境有一种莫名的恐惧感，据说这种病是由过重的工作压力引起的。患病后的斯蒂只好待在家中，她几乎不能离开房屋半步，除非有恩特陪着她。即使去商场买一些日用品，也会使她感到焦虑和不安。

　　斯蒂开始不想要这只小猪，她根本不相信，一只小猪会像恩特的朋友说的那样能给人带来许多的生活乐趣。然而恩特劝她不妨试一试，他认为有个宠物陪伴斯蒂，也许会使她日子好过一些。斯蒂曾根据自己的症状参看过一些心理学方面的书籍，其中有一本书认为，患陌生环境恐惧症的病人，在照顾动物的过程中可以逐步增强自信，减轻症状。但是一头小猪能使紧张的神经松弛下来吗？

　　两天后，小猪贝克被送到了斯蒂家。它长得小巧玲珑，一身油光发亮的毛发，一双滑稽可笑的小眼睛，谨慎地四处张望，黑亮的小尾巴卷成一个小圆圈在胖嘟嘟的屁股后面不紧不慢地摇动。恩特看到它就忍不住笑了起来："看，它多像一个彬彬有礼的绅士！"

　　小猪对四周的环境进行了一番仔细观察之后，轻轻哼了几声，然后就大胆地向斯蒂走过去。斯蒂连忙蹲下来抱起它，小猪立起后腿，将前爪和脑袋趴在斯蒂的肩上。看着贝克这副乖巧的模样，患病以后的斯蒂第一次开怀大笑。

　　当和恩特夫妇混熟之后，贝克就开始探究整个房间的情况，它在屋里跑来跑去，这儿瞧瞧，那儿瞅瞅，还不时地用小嘴拱一拱地上的东西。忙了半天，它有点累了。这时，它就把屁股放在地板上坐下来休息一会儿，先看看窗外的风景，又看看墙上的大镜子。

　　到了晚上，贝克想跟着斯蒂和恩特上楼睡觉，但是它的腿太短了，无法登上楼梯。斯蒂在厨房为它放了一张床，把它抱起来放进去，还给它盖上一床印花的小棉被。

从此以后，每天早上一觉醒来，斯蒂再没有像以前那样害怕面对新一天的到来，而是急切地想见她的新宠物。小猪一见到斯蒂就赶忙站起来用嘴亲她的脸，等斯蒂坐下之后，又用嘴在她的腿上按摩。吃过早饭后，小猪跟随斯蒂来到她的办公室，十分听话地挨着她的办公桌躺下，安静地看着她工作。斯蒂发现自从有小猪坐在旁边以后，她感到紧张时，只要拍拍小猪的头，和小猪讲一会儿话，就会平静下来。

　　小猪很快就成为斯蒂家里的一员了。恩特特意为它买回来一张专用床，放在斯蒂的桌子旁。小猪对这张新床似乎还有点不满意，它仔细进行了一番研究之后，就用小蹄子使劲地将枕头的外套拉开一条长缝，然后钻进去，舒舒服服地躺在枕套里面。

　　一天晚上，当斯蒂和恩特靠在摇椅里看电视时，小猪也用它的长嘴把一把摇椅拱到电视机跟前，然后一本正经地仰坐在里面。当它看见屏幕上的人来去走动时，它的脑袋也不停地从这边转向那边，比人看得还要认真。

　　小猪不喜欢吵闹，斯蒂的电话铃声常常吵得它不高兴。后来每当斯蒂接电话时，它就在一旁仔细观察，看她是如何让这种噪音停止的。于是当电话铃声再响起而斯蒂又不在跟前时，小猪就会在电话铃响几声之后，凭借垂落在地板上的电线用蹄子把听筒从话机上扯下来，然后对着送话口发出一阵"哼哼"声。

　　一天，斯蒂一个客户来拜访斯蒂，他对小猪十分着迷，随后又带着他的孩子来观看。不久，邻居们都知道斯蒂养了一只可爱的小宠猪，都纷纷上门来欣赏，并深深喜欢上了这只友好的憨态可掬的小猪。孩子们认为"贝克"这个名字太死板了，就叫它"小猪贝贝"。刚开始，当邻居们络绎不绝地来访时，斯蒂觉得十分的紧张、恐惧。慢慢地，她感觉到人们是因为太喜欢小猪才来的，于是心里逐渐放松，慢慢就和大家融于一体了。

　　小猪喜欢模仿人的行为，它平常总是跟着斯蒂出出进进，发现斯蒂有随手关门的习惯。一天早上，小猪抢先跑进屋后，自作

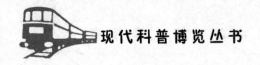

聪明地用嘴把门推上，谁知因用力过猛，门闩被挂住了。贝克发现不对劲，怎么斯蒂不进来呢？

它在里面急得用力拱门，可是门还是开不了，它就用力嘶叫，斯蒂在门外没有办法，最后只好翻过阳台，才把门打开。斯蒂进屋后把小猪狠狠责备了一顿，它仿佛也知道自己做错了似的，低着头半天不吭一声。

在小猪的陪伴下，斯蒂开始尝试与陌生人接触，她最愿意接触的是老人。于是她的父亲就说服她带着小猪参加福利院的老人聚会。第二天晚上，恩特带回一辆婴儿车，他告诉斯蒂这是专为小猪买的移动车，有了它，就可以推着小猪去参加老人聚会了。小猪很喜欢它的新车，当恩特把它抱上小车，把一条毛巾围在它的脖子上，又给它戴上了一顶绿色的遮阳帽时，小猪高兴地将两只耳朵甩过来又甩过去。

斯蒂同意带小猪去参加聚会，然而她刚把汽车发动起来，一想到要面对这么多的陌生人，便又失去了勇气，莫名地开始恐惧发抖。可是当她看到一本正经地坐在身旁的小猪时，紧张的心情顿时平静下来。她鼓励自己必须同恐惧作斗争，不然余生都将生活在恐惧之中。"连贝克都不害怕，我为什么害怕？"她努力说服自己，不断鼓励自己，终于开车到了福利院。

老人们看见坐在婴儿车里的小猪都高兴极了。"这是什么？"他们纷纷问斯蒂。斯蒂轻轻将小猪抱出来放在地板上，它连忙向其中一位年纪最大的老人跑去，用它突出的嘴直蹭老人的腿，向老人表示亲昵的问候。其他的老人全被小猪逗笑了，都围着它。老人们不断向斯蒂提出各种各样的问题，刚开始她显得十分紧张，渐渐便自如大方起来，她告诉老人们小宠猪比狗还要聪明，比狗还懂事。为了显示小猪有多聪明，斯蒂直呼小猪的名字，并夸奖它是只漂亮的宝贝。听到斯蒂的赞扬，小猪骄傲地在大厅里一边奔跑，嘴里一边发出咕咕噜噜的叫声。当斯蒂又责骂它马虎邋遢时，小猪马上停下脚步，难为情地低下头，还不好意思地伸了伸舌头。周围的老人都被它的憨态逗得捧腹大笑。

很快，越来越多的人都知道恩特家有一头可爱的小猪。在恩特的鼓励下，斯蒂开始带着小猪四处拜访朋友。在离家不远的疗养院，斯蒂推着小猪一间房一间房地去问候那些生病的人们。在一间屋里，一个老妇人坐在那儿，双眼失神地盯着放在膝盖上的手。当斯蒂推着小猪出现在她面前时，她的头抬了起来，脸上露出了一丝笑容。她伸出手，做出一个抱的姿势。斯蒂赶紧上前关切地问她是不是想抱抱小猪，老妇人用力点点头。旁边的人告诉斯蒂，自从老人的丈夫几年前去世后，她就不曾笑过，对任何事情都仿佛丧失了兴趣。斯蒂将小猪抱起递给老人，让老人尽情地逗它玩。小猪很乖很安静地躺在老妇人的怀里，竖起双耳，翘起小嘴开口呈微笑状，任凭老妇人抚摸。以后每一次去疗养院，只要推着贝克的小推车一出现，人们就会互相转告："小猪来了，小猪来了！"人们都快步跑来观看，因为小猪给他们带来了欢乐和笑声。随着斯蒂带小猪探望生病和无助的人次增多，她觉得自己的病也好了许多。她欣喜地告诉恩特："过去我十分讨厌自己，可是现在我开始感谢上苍给我送来了小猪，它成了我的良药。"

一天，斯蒂突然想到，小猪也许可以到学校和孩子们交流，于是便带着它去了学校。孩子们看见小猪都十分兴奋，围着斯蒂问了许多问题。有的问小猪是否学习努力时，小猪则深深鞠躬，使劲点点头，表示自己努力。当问到"小猪吸毒吗？"小猪坚决地摇摇头，并发出哼哼叽叽的声音，表示对吸毒的厌恶。孩子们还很好奇地想知道小猪平常吃什么，斯蒂就告诉他们，小猪会吃饼干、大豆、玉米、胡萝卜、苹果、麦片糊，而它最爱吃的是爆玉米和冰淇淋。孩子们对小猪简直爱得发疯了，有一个小男孩甚至抱着小猪，悄声对斯蒂说："我希望它跟我回家，你愿不愿意？"斯蒂赶紧抱回小猪，仿佛它真的要跟着小男孩回家了。

每当斯蒂和恩特带着小猪外出，总有陌生人停下来，瞪着惊奇的眼睛问："这是什么？"恩特总是耐心地解释："对我们来说，它

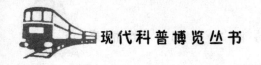

是一头小猪,可是对它来说,它认为自己是一个人。"有时,恩特还引用丘吉尔的话来告诉人们:"狗仰视我们,猫居高临下地看我们,而猪,却平等地和我们相处。"

就这样,贝克不仅成了斯蒂和恩特的朋友,也成了周围邻居的朋友。它不仅治好了斯蒂的恐惧症,而且因为有了它的参与,斯蒂和恩特之间的感情似乎也比以前更深厚了。

凡 尘 清 唱

古代东方文化追求"天人合一、仁爱及物、慈悲为怀",主张人与万物的和谐,反对任意杀戮、虐待动物。人类的发展史也是驯化、利用动物的历史,动物为我们提供饱暖之需、精神安慰和身心享受。可以说,动物改变了人类生活,所以我们应怀敬畏之心感恩之情对待动物,切不可虐待、折磨、欺辱动物。

罗伟的爸爸是个不喜欢猫的人。无论多么能干的猫,他都厌烦。每遇到猫都会轻轻地踢上一脚,或是大声地对猫喊一声:"离我远点!"

由于家里的食物、衣服等都成了老鼠的磨牙器,虽然爸爸十分讨厌猫,但为了制止老鼠的横行,也只得养一只猫了。

猫是罗伟的二姑送来的,全身黄底中满是不规则的黑花纹,于是他们就叫它小花。小花刚到他们家时,还是一只刚断奶的猫崽,白天还乖巧,但到了晚上就喵呜喵呜地大叫。爸爸生气了,告诉妈妈赶紧把它扔出去,但又苦于无计可施的老鼠,再加上家里其他成员的一致反对,爸爸只好勉为其难地留下了小花。

几天后,小花就适应了这里的生活。它活泼好动,房顶树上哪里都去。随后的日子,家里的老鼠在小花的前追后堵之下,渐渐地少了。爸爸也认可了小花的存在。

一天，妈妈突然宣布，小花怀孕了。除了爸爸之外，他们都很高兴，特别是妹妹，更是兴奋得手舞足蹈。这时爸爸狠狠地瞪了小花一眼，走了出去，那眼光中分明在说："你都不知是怎么留下的，我还能留一窝猫崽？"

几个月后，小花果然在无人去的仓房里生了6只猫崽。妈妈怕爸爸把猫崽扔掉，就告诉罗伟和妹妹，一定要瞒住爸爸，可精明的爸爸在10多天后就知道了。罗伟和妹妹知道小猫崽一定凶多吉少，于是就到处奔走询问谁家要猫崽。但由于小猫太小，根本无法养活，因此，他们的奔走徒劳无功。

一天放学后，罗伟和妹妹急忙又来到仓房，只看到小花在悲伤地舔着前爪，6只小猫已经全都不见了。妹妹"哇"的一声哭了起来。后来他们才知道是爸爸用箩筐把6只小猫放到了村外密林中的一条深沟里。爸爸准备离开时，突然又想留下来看看这些刚睁开眼的小猫，于是他就在沟边坐了下来。

小猫们开始还表现得很焦急，嚎叫着四处乱爬，很明显是在寻找它们的妈妈。过了一会，它们一改先前的烦躁，安然地聚拢起来，并紧紧地积成一堆。面对黑夜的寒冷和死亡的威胁，它们开始以平静的心态去面对，并用团结迸发的无穷力量去抗争。爸爸看到小猫都聚在一起，睡着了，就默默地离开了。

第二天一大早，妈妈就惊喜地叫了起来："小猫又都回来了！"罗伟和妹妹赶过去一看，6只小猫崽竟又全部睡在了猫窝里。原来，是母猫小花在夜里找到了它们，并一只只地用嘴给叼了回来。

爸爸并不死心，又把小猫扔到了5公里以外的北山岗上。让他们一家人都惊奇不已的是，第二天早上，小猫崽又一个不少地回来了。可想而知，母猫叼一只猫崽，一个来回就是10多公里，叼完6只猫崽得跑七八十公里。很显然，母猫小花已经明白了爸爸的用意，但它作为母亲无法割舍自己的孩子，就只能用自己的努力来打动主人。

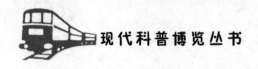

果然,小花成功了。当他们全家人看着为拯救小猫崽而累得筋疲力尽的小花时,都被它深深地感动了。爸爸也动了恻隐之心,终于留下了它们……

母爱的伟大真是令人感叹!

祈盼无雪的冬季

人兽同心。在关键时刻,父母都会舍身救子。动物也如人一样,其实无论同类动物还是异类动物,它们之间都能表现出关切、热爱、忠诚等感情。

20世纪70年代中期的东北,一进入腊月,人们便纷纷到谷场边、坟地里、老宅里下铁夹子逮黄鼬,因为腊月里的黄鼬皮毛又细又绒,最保暖,所以这时的黄鼬皮最值钱。

有经验的人,剥黄鼬皮多用"活剥"。就是逮住黄鼬后,用细麻绳套住它的脖子吊在树杈上,再用小刀在黄鼬鼻子和嘴巴的嫩皮处切个十字口,然后抓住黄鼬皮双手用力向下翻卷,随着黄鼬一阵阵痛苦的尖叫过后,一张热气腾腾的黄鼬皮被完整地卷褪下来。再将事先准备好的细沙装进黄鼬皮里吊在过道阴凉处风干。腊月里的一张黄鼬皮卖出去后,过年买肉的钱也就有了,若多卖几块钱还能再换回两挂鞭炮。

一天傍晚,14岁的大力兴奋地跑回家说发现了黄鼬脚印,他拿起铁夹子跑出了门,父亲也紧紧跟了过去。在生产队的谷场边,大力扫开一小块积雪,下好夹子用谷糠将夹子伪装好,外面只露出一段油炸的山雀腿做诱饵,再用细铁丝把铁夹固定在打谷场的石磙上,做好了记号后就回家了。

那夜的风雪特别大,北风裹着雪花拍打发黑的窗户纸啪啪作响。大力缩在被窝里兴奋得难以入睡,好像嗅到了煮熟的肉香味,望见了那串令人手痒的鞭炮。大力早早地就醒了,他向窗外望去,外面已经透亮。大力悄悄地穿衣下炕,不顾风大雪猛,连滚带爬向谷场边奔去。远远地就看到昨天下夹子的地方黑糊糊一片,等扑到跟前后他惊呆了!铁夹子上夹着一张半卷状的黄鼬皮,却没有黄鼬踪影。正在发呆,他忽然又发现雪地上有一条醒目的暗红色的印迹向场边延伸。他顾不上多想,就顺着红印向前追去,追到生产队的粮仓前,听见里面发出"吱——吱"的微弱叫声,他破窗进去仔细翻找,发现在粮仓最里面东南角处有一空地,空地上有一个草窝,窝里有四五只出生不久的小黄鼬。此刻还未长毛的小黄鼬正围着一个脱了皮的死黄鼬乱拱乱啃。大力翻动了一下早已僵硬的脱皮黄鼬,它腹下肿胀的奶子依稀可辨。惨烈的场景刺激得他心头发热,直想吐。

原来铁夹子夹住的是一只产后不久的母黄鼬,怪不得它求生的欲望那样强烈,怪不得它为逃生而不惜惨烈地脱皮而去,因为它是一位母亲。母亲的天职,促使它挣脱夹子时已将扯皮裂肉的痛苦抛到脑后,已将生死置之度外,陷入绝境后它只有一个信念:尽快回去为孩子哺乳……目睹眼前的一切,大力热血沸腾,尽管棉鞋里早已灌满了雪泥,他却浑身是汗。

天快亮了,村头有人向这边走来,大力醒过神来,慌忙跑回谷场,从铁夹子上取回那张黄鼬皮,慢慢伸展平整,再轻轻地套在母鼬僵硬的尸体上,然后抱起母黄鼬,找了个干爽地方埋下去……

在这个风吹雪飘的早晨,大力突然间长大了。他望着苍白的雪地,回想着脱了皮的母鼬,心里暗暗祈盼:愿以后的冬季,都不要飘雪。

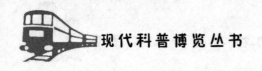

爱子绝唱

世界万物都有它自己的位置,生命的坐标点都有自己的价值和存在的理由,而且每个动物不管它是丑陋的、狰狞的、可爱的、美丽的,它们都有各自生命的轨迹和生存的权利。

一个冰天雪地的冬日,维尔斯带着小猎犬萨莎,背上猎枪决定外出去碰碰运气。他对这次打猎并没抱很大的希望,因为天寒地冻的,很少有动物出来活动捕食。他只是想带上萨莎出去透透气,活动活动。

萨莎见主人背起了火枪,知道它"放风"的机会来了,它欢快地叫着,在茫茫草原上走了很长一段路程,除了漫天冰雪和参天的松树之外,一只动物也没有,维尔斯不禁有些气馁。身边的萨莎也没有先前激动了,一边慢腾腾地跟着他,一边东闻闻西嗅嗅。

维尔斯带着萨莎一直往前走,希望能有所收获。突然萨莎狂叫起来,接着,它"腾"的一跃,冲了出去。一定是有情况了,维尔斯对萨莎嗅觉的灵敏度深信不疑,立即取下猎枪,子弹上膛,朝萨莎奔跑的方向瞄准。一只肥大的雪兔从林子里蹿出来,他瞄准雪兔,扣动扳机。子弹打进了雪兔身体里,他看到远处的雪兔跟跄一下,身体里流出的鲜血洒在白白的雪地上。可雪兔并没有就此停下脚步,仍挣扎着跌跌撞撞地拼命往前跑,萨莎飞奔上前,轻而易举地追到身负重伤的雪兔,用嘴叼着它,就地摆弄起来。

突然,维尔斯发现一只灰狼,差点从林子里冲出来,它一定是紧随雪兔而来的,刚才受到枪声的惊吓,又缩了回去,躲在几棵大树后面。它两眼射出凶光,窥视着刚才发生在雪地上的一切。怪不得雪兔中了子弹仍往前逃命,原来它已腹背受敌,无路可逃了。

灰狼躲在树林里,目不转睛地盯着被萨莎叼在嘴上的雪兔,眼里露出凶狠贪婪的绿光。这时,萨莎也敏锐地感受到敌情,它知道周围潜伏着危险,于是把奄奄一息的雪兔放在地上,竖起耳朵,转身朝向树林和狼的方向。维尔斯也在隐蔽的地方紧张地举起猎枪,准备应付即将发生的恶战。灰狼猛地站起身,从大树后面走出来,它的动作有些迟缓,难道是受过伤?灰狼走到空地上,维尔斯看见它的肚子瘪得好像能数清肋骨,乳头也干巴巴地向下吊着。他断定,这是只正在哺乳期的母狼,它的幼崽还不能自己捕获猎物,母狼只好独自出来觅食,母狼并没受伤,可能是饥饿导致它行动不太灵敏。冬天在户外活动的猎物少得可怜,刚才母狼正在追捕那只被维尔斯射中的雪兔,一声枪响逼得它退回树林中,眼睁睁地看着即将到嘴的食物被小猎犬叼走。饥饿难耐的母狼忍无可忍,它走出树林,准备与小猎犬决一死战。

母狼与萨莎对峙了一会儿,便径直向躺在地上的雪兔扑来,萨莎迎着母狼,对准它的喉咙向前猛扑过去,母狼往旁边一闪,反身用前爪抓住萨莎的背部,萨莎受击,狂叫一声,跳到一边。母狼为了节省体力,不想与萨莎周旋,它转身向躺在地上的雪兔跑去。萨莎并没有放弃争斗,它趁母狼去叼野兔时,从后面向它发起进攻。母狼被激怒了,转身猛烈还击萨莎,把它逼到离雪很远的地方,然后又朝雪兔跑去。母狼显然只想要回猎物,可是萨莎不打算放过饿狼,它趁母狼分心之际,扑上前,咬住母狼的后腿。母狼发出呜呜的叫声,转身扑向它。虽然母狼瘦骨嶙峋,动作也因为过度饥饿而有些迟缓,但它的个头和力气依然强过萨莎,几个回合后,萨莎已明显处于劣势。

维尔斯紧张地看着这两只动物在远处争斗,举着猎枪瞄准母狼,但担心伤到萨莎,不敢贸然开枪。当萨莎再次被母狼逼到远处时,他瞅准机会,朝母狼开了一枪。维尔斯对自己的枪法颇为满意,子弹射进母狼干瘪的肚腹,它带着伤往林中跑去。

萨莎见母狼逃走后,回转身叼起雪兔向主人跑来。好不容易碰到一只狼,维尔斯怎么会轻易放弃?母狼中枪,一定跑不远,他相信不用费多少时间就能追上它。他把雪兔放进袋子里,带着萨莎往母狼逃跑的方向追击。他很快就看到母狼的身影,母狼正跟跟跄跄地往一个山洞里奔跑。他拉着猎犬,准备先看看母狼的动向再行动,这样才会万无一失。

母狼奔进一个洞穴,维尔斯和萨莎则躲在隐蔽处观察动静。一会儿,就从里面传出母狼和几只狼崽的哀号,他知道这一定是母狼和狼崽的巢穴。狼崽肯定还不具备攻击力,否则母狼定会带着它们出来“报仇”。想到此维尔斯的胆子大了起来,端起猎枪,朝狼洞方向走去。

维尔斯在能看清洞里情形的地方,停下了脚步。母狼意识到危险临近,转过身,朝他这边张望,然后,把幼崽赶进洞的深处,走到外面,用自己的身子艰难地护住洞穴口。维尔斯就在不远处举着猎枪,负伤的母狼瞪着他和萨莎,眼里流露出悲凉的神情,喉咙里发现呜呜的低吼,不知是因为害怕还是愤怒。如果母狼出来与他和萨莎决一死战,那它将必死无疑,洞里的一窝幼崽也会成为俘虏,逃不过一死。母狼没有弃洞而逃,也不敢出来决斗,只是用最后的生命护着洞穴和幼崽,希望能用身体抵挡住子弹,并以此作最后的努力,换回幼崽的生存。维尔斯被母狼悲壮的神情和誓死守卫幼崽的举动感动了。母狼尽力挺立起自己的身体,因为只有这样才能勉强挡住洞口。而这样的动作致使腹部的伤口加剧撕裂,鲜血泪泪地往外流淌。他没有朝卫士般的母狼开枪,反而收起猎枪,并拉住想上前进攻的萨莎。

母狼与他们对峙着,坚定地守护着幼崽,维尔斯对母狼生出几分同情,静静地观察着它。母狼看见他收起了猎枪,并没有真正向它发起进攻,它先是有些疑惑地盯着维尔斯和萨莎,后来似乎看出来维尔斯对它已经没有了敌意,它的眼神渐渐由怀疑变成了乞求。维尔斯拽着好斗的萨莎,不让它冲向洞穴,母狼看着他的举动,眼中竟流露出几许信任。由于伤口剧烈的疼痛以及对他和萨莎放松警惕,母狼的身体终因体力不支倒在地上。

几只瘦弱的狼崽从洞里跑出来,在母狼身边蹭来蹭去。它们饿得直叫,吮吸着母狼干瘪的乳头。母狼用舌头轻轻地舔着狼崽的身体,发出低低的声音,像是在抚慰幼崽。狼崽不停地轻轻撕咬着母狼,母狼任由幼崽在自己受伤的身体上蹭来蹭去,它把幼崽们一一舔过一遍后,用尽力气摇摇晃晃站了起来,吃力地把小狼崽一个个地叼到洞穴深处,自己又慢慢地走到洞口,它的伤口此时还在渗血。这时有两只幼崽跟着它一起出来,母狼对狼崽狂吼了几声,吓得幼崽缩了回去。母狼站在洞口,回头恋恋不舍地最后看了一眼幼崽,对着天空发出几声悲痛的嗥叫,接着毫不犹豫地一头向洞口突出的尖石上撞去。母狼的脑袋顿时被岩石撞破,脑浆和着鲜血喷了出来,它立即在洞口倒下,死去了。母狼瘦弱的身体已变得血肉模糊,狼崽们缩在洞里亲眼看到母亲惨烈地撞死在洞口,都哀号着跑了出来。它们轻轻地在母狼身边走来走去,不时地用爪抚摩着母狼,嘴里发出呜呜的悲鸣,沉痛悼念着母亲。

开始,维尔斯并不理解母狼为什么会在幼崽面前自绝。当他看到悲伤而又饥饿难耐的狼崽们开始撕扯母亲的身体时才恍然大悟。原来,狼的习性是当同伴死去之后,它们便会一起分食同伴的尸体。母狼义无反顾地一头撞死在洞口,就是为了把自己的身体当做食物留给幼崽。这是多么悲壮的一幕啊!维尔斯不忍看一群狼崽撕咬分食母亲的身体,便把袋里的雪兔拿出来,抛向狼洞,带着萨莎往家走去。

生活在草原上的人都知道,野狼是威胁人类生存的自然界最大的敌人。然而,母狼对幼崽那种母性的真情,又有几个人能做得到。为了自己的孩子,宁愿自戕,用自己的身体做孩子的食物,让孩子得以生存下去,这种母爱仍值得赞美。

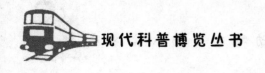

旷世真情

狗是一万多年前由狼驯化而来,尽管人们研究出了各种理论,我们仍然无法确定,为什么人类和狗能够这样融洽地相处。是需要互相保护,需要结伴狩猎,还是需要友谊?或者是三者都有?

1967年,张国柱去东北插队。他们集体户住在村西生产队的库房里。房子前面是队长的家。队长说,此处僻静,养只狗吧,晚上出去也好做个伴。

两天后队长就送来一只毛茸茸的小白狗。刚来的时候,小狗骨瘦如柴,眨着大眼睛看着知青们,大伙决定把它养下来,并给它起名叫小白。知青们吃什么就喂它吃什么,并用碎砖头、油毡片什么的为它垒了一个很好的窝,下雨也不漏。慢慢地,小白竟然长成了一个英俊威猛的"大小伙子"。从此集体户不管谁晚上出去,小白都跟着。

1976年,知青开始返城了。张国柱回城后,忙于找工作,找对象……竟一时把第二故乡忘在脑后。后来,因为评定职称,人事部门通知张国柱插队期间的手续欠完备。为此,张国柱给队长去了一封信,委托他把手续补齐。在此期间,他们一共书信往来三次。后来张国柱一路攀升,工作顺利。

1992年全国人代会上,张国柱与老队长见面了。会议之余,队长讲了件让张国柱伤心的事。

1976年知青返城后,小白一直住在原来的窝里,队长几次把它拉回自家,但是只要不拴,它就跑,并且每天跑一趟公社,就在张国柱他们当年上汽车的地方待上好一会儿才回来。这样每天一趟,坚持了有三四年。要知道,从村里到公社,足有三十里路啊。当年张国柱返城是坐着马车去的公社,现在想起来,当时小白确实是一直跟着马车跑的。知青们当年归心似箭,马车还没停稳,大家就跳下车卸行李、上汽车,始终也没来得及看小白一眼。后来知青们住的房子的房顶墙壁倒塌了,但小白一直守着破屋子,住在它的窝里,苦苦地等待它的主人。

又过了几年的一个冬天,小白老得不行了,喂什么好吃的都吃不下了,最后,连水也喝不下了,但它每天还是朝着公社的方向遥望。又过了几天,队长去窝里看小白,它死了,尸体已经快僵硬了,大大的眼睛依然睁着,凝视着远方……队长把它拉出来准备埋在后坡,突然发现在它身子底下压得平平的三封张国柱写给队长的信,还微微有些小白的体温。为这丢失的三封信,队长曾跟老婆发了好大的火,怨她没收好。原来竟是让小白偷偷衔走了。

那天,队长落泪了,张国柱落泪了……

每个人都向往着多结交同类的朋友,很少有人会去和狗做朋友。其实,狗和人一样,同样有着赤诚、善良、伟大的心。

南极那一道亮丽风景

相对人而言,动物的爱单纯幼稚,似乎不值得我们效仿,但在人类感叹我们的社会日益商品化、真情难寻的今天,弱肉强食的动物世界还能透出融融的爱意,对人类本身不也有很好的启发吗?

在寒冷的南极,有成百上千只雄性企鹅挤在狭长的冰岛上。它们要在漫长的黑夜和同样漫长的严寒中,站立在冰面上,整整64个不能进食的白昼,整整64个不能安眠的黑夜,整整64个日月

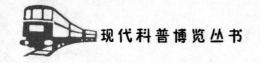

轮回,才能换来小企鹅破壳而出的那一刻。而爱子如命的企鹅爸爸们,在整整64天的折磨后,几乎成了一尊尊没有知觉的冰雕。

南极是一个冰清玉洁、银装素裹的世界。企鹅一对对钻出海面,登上岩屿。它们那永远都在凝望和企盼的姿态,有一种与生俱来的高贵和雍容。圆圆的瞳孔里透出一派天真和安详。

此时,严寒使海洋敛住轰鸣和喧哗。就在崖上的冰山上,母企鹅产下一年中仅有的一枚珍贵的卵。造物主选择这个时节让企鹅繁衍,可能就是为了考验企鹅爸爸的父爱吧。

为了恢复产后虚弱的身体,也为了给64天后将来到世界的小生命预备口粮,雌企鹅不得不和丈夫分离,把孵蛋的重任交给雄企鹅,然后依依不舍地踏上遥远的觅食之路。于是,雄企鹅保护着蛋卵、直立着身躯,以一种严酷的不变的姿态,伫立在冰面上。它们就这样,怀抱着不能碰、不能压、不能搁下片刻的企鹅卵,吃力地、安详地等待着,用厚实的身躯为还未出世的孩子遮挡着南极无边无际的风雪。

当小企鹅从壳中探出湿漉漉的小脑袋,惊奇地打量外面的世界时,第一眼见到的不是妈妈,而是疲惫至极又欣喜至极的爸爸。此时的企鹅爸爸已是形销骨立,瘦得不成样子,在雏鸟啄壳的响声中,它享有了真正的快乐。雄企鹅怀着这样的喜悦,仔细地将胖乎乎的、像个灰白色绒线团的小企鹅捂在自己的肚腹下,感受着儿女的每一缕呼吸……

雌企鹅终于成群结队地回来了,但刚刚团聚又要分开。雄企鹅不得不别妻离子,因为南极洲的海面马上就要被冰封堵起来,如果再不去觅食,它就会饿死在妻儿面前。企鹅爸爸实在舍不得心爱的小企鹅,它一步一回头,那是一种多么深情的眷顾和难舍难分的情景,最后企鹅爸爸们还是跳进了大海,向大海深处游去。

这是一种多么圣洁的爱啊!为了后代,它替代了母亲,担起孵育后代的责任;为了孩子,它历尽艰险,将父爱发挥得淋漓尽致。

悠悠爱子情

女性一旦结婚,从姑娘变为妻子,生了孩子后,又从妻子转为母亲。不单是状况发生变化,女性的身心也随之变化。很多动物的雌性也有这种变化,特别是鸟类与哺乳类,它们的雏鸟或幼仔都受到母亲的保护,这不仅是母性的本能,而且是母亲更深的爱。

两年前的一天,著名动物标本制作师艾科兰正背着猎枪在非洲索马里的热带雨林搜集动物标本。忽然,一只金钱豹趁他不备时对他发起了进攻。艾科兰被豹子扑倒在地,胸膛也被它那锐利的爪狠狠地压住了。但是,豹子在慌乱中没有咬住他的喉咙,却咬住了他的右手腕。

在这危急关头,艾科兰强忍着剧痛,举起左手将一梭子子弹射入豹子的腹部,鲜血从它体内不断地流出来。一会儿,豹子就大嘴张开,倒在了地上。

艾科兰这才松了一口气,跑到附近的一棵大树下,急忙把伤口包扎好。等艾科兰重新回到金钱豹倒下的地方时,发现它已不翼而飞。难道它没死?

艾科兰仔细查看草地,他终于看到地上有一条长长的血迹,断断续续地向前方延伸过去。他顺着血迹一步步向前搜索。

血迹和被压倒的花草痕迹,把艾科兰引到了一棵巨大的松树跟前。他抬头一望,一条长长的豹尾和两条毫无生气的后腿从树洞口耷拉下来,鲜血已经把洞口的树干染红了。

艾科兰心中产生了怀疑,这只金钱豹正是刚才和自己搏斗的那只豹子,但它是怎么跑到这里来的呢?它又为什么要爬到这个树洞里呢?艾科兰大胆向树洞里望去。啊!原来他看见了两只豹崽正依偎在金钱豹怀里,使劲地吸吮着奶头。它们浑身沾满了血,

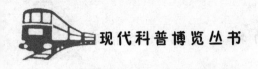

不停地往母豹怀里拱。艾科兰受到了极大的震动,原来是伟大的母爱促使这只金钱豹重新回到自己孩子的身边。艾科兰的眼睛模糊了。

后来,艾科兰把两只小豹崽送给了国家动物园,把那头母豹制成了一个标本,并在标牌上写道:"为了两只刚出生的孩子,这头母豹在弥留之际,竟爬了千余米长的距离,重新回到窝里,用血和剩下的一点乳汁拯救了它的孩子。"

为小狗让路

在自然界中,动物的利他行为是纯洁的、没有意识的,不期望得到什么回报。人类作为动物界的一员,也脱离不了动物的一些出自于本能的利他行为,如遇到惊吓时会发出恐怖的尖叫(相当于动物的报警行为)。但人类许多其他形式的利他行为却不及动物的那么纯洁、优秀。

2003年11月6日,在北京南三环万柳桥附近,一只小狗在三环公路上被来来往往的车轧死了。但是,谁也没有想到,它旁边的三个同伴,居然不顾正是高峰的滚滚车流,忠实地守护着死去的小狗,舍不得将它丢弃。

过往的司机看到这种场面都惊呆了。本来疾驰的车流,经过三只小狗身边时都纷纷绕行,有的司机干脆停车,因此造成了交通阻塞,其中有两车还因为躲避小狗而追尾。

要在平时,发生这种堵车情况,性急的司机早就开骂了,车辆之间互相刮着碰着一点,吵架是不可避免的。但是,那天所有的人都不再埋怨,更没有了彼此的责难。大家看着三只围在自己死去伙伴身边的小脏狗,心里有的只是感动。

三只小狗,对同伴所表现出的爱是最原始、最粗糙,却也是最纯净的爱,这种爱既无需装饰,也不怕别人的嘲讽。但是,感情复杂的人类进化到了今天,却学会了隐藏自己的爱,因为害怕一旦把它拿出来,会受到他人的伤害和嘲讽,会不被接受。与三只狗的爱比起来,高级的人类真是汗颜!

生命礼赞

豺和人类本来都是自然界环环相扣的一部分。人类在自然中生活,也必须学会适应自然残酷的一面。也许某一天,在所有的豺全部消失后,自然的奇异与壮美也将不复存在……

乔纳森的家在非洲的高原地区,他们家附近有一种比狼还凶狠、残暴的动物,叫豺。豺比狼的身体略小,长得很像猎犬。如果不仔细辨认,它和狼无异。

去年感恩节的一天傍晚,乔纳森突然看见邻居家的狗多芬狂吠着奔出了树林。它狼狈不堪,脖子上流着鲜血,躲避着身后豺的追击。在他大声吆喝下,豺急速地消失在密林中。

乔纳森知道豺经常会袭击狗。不过他绝没想到,几天后他和他的狗斯加居然会和豺来一场正面的对峙。

一天傍晚,乔纳森和斯加到近海的林中散步。突然,他发现斯加直直地盯着海岸,身上的毛由于紧张而根根竖起来。顺着它的视线,他看到一只彪悍的豺正窥伺着慢慢地向他们靠近,相距大约不到100米了!他的心一下沉到了无底洞中。

在暗淡的光线中,豺深灰的毛色几乎和灰蒙蒙的天色融为了一体,若不是它脖子上那簇火红的毛,也许乔纳森根本就认不出它就是几天前袭击多芬的那只豺,它步履敏捷地一步步地逼近。

　　乔纳森紧张地站在原地,飞速地在脑中思索着对策。这时,豺在一步步地逼近,乔纳森不得不一步步地退到了水中。乔纳森明白,如果和豺比赛划水的话,它会比他的木筏游得更快;如果和它硬拼,他也决不能取胜,而且他也不想冒这个险。于是他只好跳上了木筏,把桨高举过头顶,怒目瞪着这只贪婪的豺。也许是被乔纳森的气势镇住了,豺迟疑地放慢了脚步。趁它犹豫的时候,乔纳森跳下水没命地往前拉着木筏。

　　突然,早已被吓得呆若木鸡的斯加在他身后狂吠起来。他猛回头,一道灰影已经扑到了斯加面前!他下意识地抢起手中的桨向它打了过去。豺陡然跌落到泥中,哀嚎着一瘸一拐逃之夭夭。乔纳森不敢去追它,没命地朝前划着桨,直到远远看见小木屋熟悉的轮廓,才松了口气。

　　在此后的一个星期,村中又有四只狗被豺叼走,村民们被激怒了。为了家人和牲畜的安全,如果豺胆敢再次侵犯,等待它们的将只有猎枪!

　　一天傍晚,突然响起了急促的警钟声。原来这天,一条豺到村中偷猎时被人们发现,现在正逃往海滩方向,果然在海滩上村民们发现了两只豺散乱的足迹,从一深一浅的足印看来,一只豺的腿负了伤。但奇怪的是,在靠近林子时,两条足迹剩下了一条。难道另一只豺渡水逃走了?

　　乔纳森牵着斯加沿着靠海的斜坡慢慢走着,斯加显得很兴奋。在树林的深处,它突然停住了脚步,毛又根根竖起来,嘴里发出低沉的呜咽声,不安地挣着他手中的皮带。乔纳森立刻意识到,豺肯定离自己不远!

　　果然,一条灰影倏地从一棵大树后闪出,然后疾如闪电地向密林更深处奔去,所有人都追了过去。

　　在树林尽头狭长的山崖上,乔纳森终于看到了这只穷途末路的豺。它是一只怀着幼崽的母豺,凸出的腹部急剧地起伏。它显然对面前的阵势有些吃惊,背部不由自主地抽搐着,但从它吐出的血红的舌头和眼中流露出的凶狠的光芒来看,它似乎并不害怕。村民们都停了下来,静静地和它对峙着。猎手已经架好了手中的猎枪。就在这时,斯加突然挣脱乔纳森手中的皮带蹿了出去!豺龇开了锋利的牙,也跃了起来!

就在这千钧一发之际,又一条灰影从后侧的林中疾如流星地扑出来,插到了斯加和母豺之间,将斯加扑倒在地!

"砰"的一声,枪响了起来!一只豺倒在了血泊中。和鲜血一样殷红的,是它颈上那一簇耀眼的红毛。母豺惊恐地看着已倒在地上的豺,试探着想推动公豺瘫软的身体,并且想将公豺扛到自己身上。但公豺已经只能低低地哀鸣,和母豺作最后的诀别了。不久,母豺也加入了它的哀嚎,声音凄厉得令人心颤。这时,只要再瞄准,母豺也会立即丧命。可没有人行动,所有的人都为这一幕惊呆了:这看似冷血的生灵原来也有温情的一面。

突然,母豺面向大海长声嚎叫起来,而它的爱侣已经断气了。

这两只豺的诀别仪式解开了村民心中的所有疑团:原来由于近年植被和环境的破坏,豺群食物越来越少。母豺怀孕了,公豺不得不铤而走险到村子里来偷猎。在和乔纳森的交锋中,公豺负了伤,因此这次的狩猎不得不由它们共同完成。但它们被发现了,必须逃走。而这次的逃逸却是前所未有的艰难:公豺负伤,母豺怀孕,行动迟缓,而身后的追兵来势汹汹。于是,为了迷惑敌人,母豺背负着公豺潜进林中,将公豺隐藏起来,然后,它们使出了逃跑的最后一招:由腿脚相对灵便的母豺来引开追踪而至的敌人,公豺先行逃跑,然后母豺再伺机脱身。但是记挂着"妻子"和自己的尚未出生的"孩子"的公豺却返了回来,在关键时刻飞身而出,用自己的生命换回了两条它更爱的生命……

在此后的几个月中,乔纳森经常可以听到母豺在深夜里如泣如诉的哀嚎。一段时间后,母豺的哀嚎消失了,一定是它的孩子出世了,等待它们的将是新的生活。

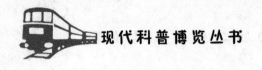

手中的生命

在这个孤寂的星球上,动物是我们的芳邻,大自然是我们的家。在经济飞速发展的同时,各个领域都有越来越多的有识之士把目光投向爱护动物、保护环境这一迫切的课题。越来越多的人们已经意识到:爱护大自然,爱护动物就是爱护我们自己。

那是夏季里骄阳似火的一天,已经一个月没有下雨了。庄稼眼看就要枯死,大旱之年,农民又要遭罪了。萨丽的丈夫和他的几个弟兄每天都往地里运水。他们用一辆卡车把水从河边运到地头,浇到田里。可是,河流在干涸,能运的水也一天比一天少了,如果再不下雨,那就要颗粒无收了。

那一天,萨丽在厨房里做午饭,看到她6岁的儿子贝利朝树林里走去,他双手放在胸前,小心翼翼地朝前走。他从树林出来后,就向家里跑来,然后又朝树林走去。她心里想,管他做什么呢,还是准备全家人的午餐要紧。

大约一个小时过去了,贝利还在树林和房子之间来回走着。萨丽终于忍不住跟在他的身后,看看他到底在干什么。靠近以后,她才发现贝利双手捧着水走进树林。树林中有一群小鹿,因为干旱而喝不到水,有的已经脱水。它们看到贝利后,就向他靠拢,跟他要水喝。贝利走到一个小鹿面前,让他舔自己手中的水。这个原来趴在地上的小鹿舔完水后,从地上站了起来,活蹦乱跳地跑开了。

贝利又跑回家,轻轻地拧开了水龙头,跪在地上让水一滴滴地浇在他的小手掌上,萨丽看到他在炎炎烈日下已是汗流浃背了。

看到这个情景以后,萨丽一下子明白了很多。上周,他因为玩水受到他父亲的惩罚,懂得了节约用水的道理。现在,他给树林中的小鹿喂水,跑一个来回要20分钟。他在双手捧满水后站了起来,萨丽走到了他的面前,他说:"我不是在玩水。"说完,他又朝树林走去。

看着儿子那不辞辛劳的身影,萨丽的眼睛湿润了。

多 情 的 大 海

爱护动物就要改善动物的生存环境,保护濒临灭绝的种群,杜绝对动物的残暴虐待,倡导对所有生命的尊重和爱护。

王修丹是哈尔滨松北有色金属制品厂的厂长,他从小就喜欢动物。

2002年8月23日,王修丹约朋友到酒店吃饭。吃完饭出来的时候,他看见前厅的透明玻璃水缸里游动着一只大海龟。它的背是灰色的,非常硕大威武。王修丹不自禁地摸了摸它的头,谁知,那海龟竟浮起身子,用一种异样的眼光直勾勾地望着他,眼中仿佛流露出哀求的目光和悲凄的泪水。王修丹的眼睛突然有些湿润了。

王修丹让朋友们先走后,就径直找到店老板,花1780元钱买下了这只海龟。王修丹又到市场买了个大澡盆,把海龟放到里面,注上水,海龟高兴极了。王修丹租了一辆微型货车,司机看到海龟,就笑着说:"哥们,咋的?钱是不是太多了,买只海龟回家玩?"王修丹没有理他。此时正值盛夏,王修丹的衬衫全被汗水浸透了,司机让他坐到前边来凉快。王修丹却半蹲半跪在车厢上,小心地扶着大澡盆,生怕海龟受了颠簸。就这样,王修丹又花了100元钱把海龟拉回了家。

把海龟运到家后，王修丹就犯愁了，怎样才能把它养活呢？"得请教老师。"王修丹想到这里，又匆匆赶到东北林业大学动物学院，向自然处的老师请教。老师听了他的叙述后，告诉他海龟必须生活在海水里。如果想暂时豢养的话，最好把它放到人工海水溶液里。他建议王修丹到农贸市场上，去买人工海水溶液。同时，他还告诉王修丹，海龟喜欢的食物是小乌贼。王修丹听罢，说声谢谢就急忙向市场跑去，他先买了一网兜小乌贼，又去找人工海水溶液，终于找到了，是一个鱼贩听说他要救一只海龟后，免费提供的。他用两只特大号塑料桶装了两桶回家，倒满了大澡盆，海龟乖乖地游进了"准大海"。

8月25日是星期天，妻子带着儿子去上课了。王修丹早上起来就蹲在大澡盆前，望着撒欢儿的海龟，突然他感觉胸口憋闷，接着眼前一黑，就什么都不知道了。海龟一看，就拼命地在盆里翻腾起来，"啪啪"的声音在房间回荡，可周围静悄悄的，没有人听得到。最后海龟从盆里翻出来，用厚厚的龟壳用力撞门……这时，邻居刘大妈买菜刚好回来，她原以为是王修丹在里面打不开门了，就冲着门喊："咋了？是开不开门了吗？"可门里毫无反应，只是那"咚咚"声还没停，大妈心下怀疑，莫不是有小偷在里面行窃吧？想到此，大妈快步跑回家，拨打了110。

110很快就来了，警察打开王家的门时，顿时惊呆了。只见地上全都是水，那只大海龟已经筋疲力尽地蜷缩在门旁，旁边的大澡盆翻在一边。而王修丹则斜躺在湿地上，人事不省。大家急忙把他抬上了警车……医生检查后，长舒了口气，说王修丹只是由于过度劳累，有些低血糖，休息几天就好了。王修丹醒后，刘大妈就告诉他海龟"报警"的经过。他急忙询问刘大妈，海龟有没有受伤，当听到刘大妈说："你放心，我已把它放到了大澡盆里，还给倒上了塑料桶中的什么……人工溶液！"时才松了口气。正在这时，王修丹的妻子得到通知后赶来了，当看到丈夫没事后才放心了。而王修丹却着急地说："我没事，你快回家看看海龟。"妻子说不过他,只好连忙回家。

半小时后,妻子打回了电话,说海龟一切都好,只是有点蔫头蔫脑的……王修丹一听,二话没说,马上办理了出院手续,回到家里。可也奇怪,刚才还蔫头蔫脑的海龟见到他以后,竟然在盆里翻了个身,然后用身体把水拍得直响,那情景直把大家看呆了……

这天夜里,王修丹越想越睡不着觉,他思前想后,觉得家里的条件根本不适合海龟的正常生活和生长。于是他决定放生海龟,让它回归大海。

8月30日,王修丹全家人陪同海龟来到大连的海滩上,也许是海龟闻到了大海的味道,它一下子活跃起来,妻子和儿子眼圈红红的。临分别时,王修丹拍了拍海龟,说:"回家吧,去找你的朋友吧!"海龟向海中游去,可游了10多米后,它又返了回来,直直地盯着王修丹一家人看。这时,王修丹再也控制不住自己,泪流满面,他向海龟挥了挥手,海龟才恋恋不舍地游向大海。可过了一会儿,它又回来了,眼巴巴地望着王修丹,这回说什么也不走了。王修丹想了想,用手拍着海龟说:"你不要惦记我的身体,我很好,没事。"那海龟仿佛听懂了这句话,好长时间,才慢慢向大海深处游去……

思　念

一个打鱼的人,在大海里捕到了一只海龟。他把它抱回了家。

他把它放在自己的床上,同它说着温情脉脉的话。晚上,他给它盖上崭新的被子,让它享受他给予它的温情。他还把最香最

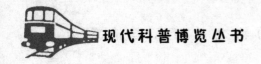

甜的美味食品端到它面前,让它品尝。然而,海龟不吃不喝也不动,它只是泪流满面。

"你为什么哭呢?你知道,我是多么爱你呀!"渔夫说。

"可是我的心在大海里,那儿有我的家,我的孩子,我的快乐在那里。你放我回去吧!"海龟说。

然而渔夫舍不得放弃它,因为他爱它。

过了许久许久,看着心爱的海龟日渐憔悴,渔夫的心也冷了,他决定放它回到大海。

"你这冷酷的海龟,我几乎将我的整个心都交给了你,然而却得不到你一丝一毫的爱。现在,我成全你,你走吧。"海龟慢慢爬走了。渔夫哭了。

一年后的一天,渔夫正在午睡,忽听门外有敲门声,他出门一看,是一年前放走的那只海龟。

"你回来做什么?"

"来看看你。"

"你已经得到了你的幸福,何必再来看我呢?"渔夫问。

"我的幸福是你给的。我忘不了你。"海龟说;

"唉!你去吧!只要你能幸福就行了,以后再不必来看我了!"渔夫伤感地说。

海龟依依不舍地走了。

然而,一个月后,它又来了。

"你又来了?"

"又来了。"

"为什么?"

"我忘不了你。"

"唉!这是怎么一回事呢?当我企图永远占有你时,我却丝毫无法打动你;当我放弃你时,我却拥有了你。"渔夫说。

真爱无限

　　人类的爱、希望和恐惧,基本上与动物没有两样。它们就像阳光出于同源、落于同地。

　　金学天,是朝鲜族人,是世界唯一的一位懂得各种鸟兽语言的人。他的绝技都是跟爷爷学的,他从小就随爷爷呼啸山林,终于成为我国懂得鸟兽语言的最后一代传人。

　　20世纪80年代的一天,几个年轻人找到金学天,说后山发现了熊瞎子,已吃掉了村里的好几头猪了。他们向金学天救助,金学天就答应了。于是,他们挖好了陷阱。第二天下午,他们就看到了一头灰熊正在追赶两只梅花鹿。梅花鹿一大一小,全是母的。那只小鹿刚出生不久,跑得特别慢,结果母鹿为了保护小鹿,被熊踢碎了脑袋。灰熊刚要追杀小鹿时,金学天向天空放了一枪,灰熊吓跑了,小鹿得救了。

　　从此,小鹿就一直陪伴在金学天的身边。一转眼到了1994年,小鹿已跟随金学天9年了。这年的春天,小鹿突然不见了。金学天到处去找,最后在森林旁的溪水边找到它。金学天知道,鹿的生殖期到了,它在求偶啊。可是,附近没有鹿场,临近林中的野鹿也已绝迹,金学天只好来到长白山主峰的原始森林腹地,学着母鹿求爱的叫声引诱公鹿。不久,两只公鹿出现了,金学天和村里的几个年轻人,利用事先挖好的陷阱,抓住了这两只公梅花鹿。他们将公鹿抬回来,放在小鹿经常出没的地方。几年后,这里的鹿已繁殖到近百只。

　　1999年夏季的一天,离开五年的那只母鹿突然回来了。如今它已14岁了,按鹿的寿命已进入老龄行列。它眼睛变得昏花,嘴里反复咀嚼着青草。金学天异常惊喜,拍拍大鹿的头,感慨万分

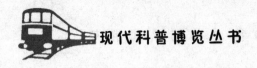

地说:"你老了想起娘家了,这一次能住多久啊?"

接下来的几天,大鹿都没有离开的意思。老金非常高兴,就像以前一样开始带着它四处走走。8月20日,金学天要到山下去办事,大鹿跟在后面。刚走下山,老金突发脑血栓,昏了过去。大鹿不知道主人怎么了,就急忙跑回家。它见到金学天的老伴就大声吼叫,然后将她领到了老金的身边。老金得到了医生的紧急救治,虽保住了性命,但从此却瘫在了炕上,大鹿也天天守在主人身边。很多时候,大鹿更像个孩子似的依偎在主人的身旁……后来,老金在老伴的调理下,吃了一种偏方,不想效果奇好。半个月后,老金就可以下地在别人的搀扶下走路了。这时,大鹿就成了金学天的拐杖。主人想上厕所或想到室外散步,大鹿都会走到金学天身旁,让金学天扶着它。

2002年11月18日,金学天的病情突然恶化,随之出现了脑出血的症状。由于十四道沟地处偏远,救治不及时,他永远地去了。

老人去世那天,大鹿一直用嘴拱着躺在木案上的老金的遗体,当发现老人没有动静时,就用蹄子扒呀扒呀……好久,大鹿向山谷发出了撕心裂肺的哀鸣,然后眼里滚出了眼泪。老人出殡时,大鹿流着眼泪,一直跟到墓地。等老人下葬完毕,老金的老伴拉大鹿往回走时,它却说什么也不动,只是趴在坟边嚼着一种说不出名字的青草。金家人知道:大鹿的生命也快到尽头了。

三天后,金学天的家人来到他的坟地烧纸,见那只鹿还趴在那里,身旁是它吐出的一大块草饼,可它的身体已经僵硬了!金学天的家人就把它葬在了老金的坟旁。

从此以后,人们经常看到一群鹿围着老人的墓地和老鹿的坟打转,然后就发出哀怨的长鸣,像是在祭奠一位热爱山林、热爱动物的老人。

白鹭车

如果有一天所有笼中困兽都奔向它们祖先生活的地方,那么,这一天便是动物的节日;如果所有野生动物都因失去自由生存的空间而消亡,那么这一天也就是人类的末日。人类只有保护全世界的所有生灵,才能最后真正地拯救自己!

刘绍国,是一个腿有残疾的三轮车夫。2002年4月8日,他从简阳石桥镇老家收完小麦返城。刚走出车站,就从一个瘦弱的少年手中买了一只野生白鹭并决定放生。这只白鹭腿长颈长,全身雪白,两只绿豆大的小眼睛里,满是惊惶和泪水。付了钱以后,刘绍国捧着白鹭匆匆回到了自己租住的小屋,赶紧打来清水给它梳洗羽毛,又煮了一锅米饭给它吃。可小鸟不但不吃,还不停地扑腾,哀叫。刘绍国明白,这鸟儿是想"家"了。

吃完饭,刘绍国蹬上三轮,带着白鹭来到了城外的沱江边。他将小鸟放在沙滩上,可获得自由的小白鹭面对空旷的天空和宽阔的水面,只是惊惶地望向四周,却没有要飞走的意思。刘绍国又把小鸟抛向空中,可怜的小东西扑腾一阵,还是跌下来。看来,这是一只还没有独立生活能力的幼鸟。

刘绍国这回犯难了,他的家在几十里以外的乡下。在城里,他只有一间勉强栖身的租住房,他每天都蹬着三轮车大街小巷的挣钱,哪有时间照顾小鸟呢?刘绍国叹息着走了几步,可回头一看,那只小鸟竟然站在那里一动不动地盯着他,啾啾地低声叫着,像个被父母抛弃了的孩子,又可怜又孤独。他急忙走回去,捧起了小白鹭,又带回了家。

这次,刘绍国在屋角用柴火、废纸围起一个鸟窝,小心翼翼地把小东西放进去,然后赶紧到菜市场买了半斤瘦肉剁成碎末,端到小鸟面前,可任凭刘绍国怎样温柔地劝哄,它也不吃,只是哀哀地鸣叫。第二天一大早,刘绍国蹬上三轮迅速来到简阳中学。简阳中学的生物老师告诉他,白鹭这种水鸟喜欢吃鲜活的小鱼小虾。听了老师的话,他又马不停蹄地直奔农贸市场,买了半斤鲜活的小鱼和半斤小虾。当刘绍国把活蹦乱跳的小鱼小虾端到小鸟跟前时,一直蔫头耷脑的小鸟一下子就来了精神,大口大口地吃了起来。从此,刘绍国天天早上第一件事就是先给小鸟买食,白鹭渐渐适应了这里的生活环境,羽翼日益丰满。刘绍国看着这个可爱的小东西,真是越看越喜欢。他早晚都要和小鸟说说话,亲近它。随着时间的推移,小鸟眼睛里的敌意和警觉慢慢消失了,取而代之的是熟悉和亲昵。每当叫它小白时,它就拍拍翅膀,高兴地走到食盘边,欢快地进食。

白鹭给刘绍国带来了欢乐,但同时也增添了许多的负担和烦恼。它每天都要吃新鲜鱼虾,刘绍国只此一项每月就多开销近百元。这对于月收入只有三四百元的他来说,不是个小数目。为了供养小鸟,他除了拼命地拉车挣钱外,还大量压缩生活费用。在刘绍国的精心饲养下,小白鹭渐渐地长大了。刘绍国想,这次该让白鹭回家了,于是他决定和家人带着白鹭乘车到30多公里以外的千石山去放飞。他听人说那山上森林茂密,鸟类比较多,肯定能更适合白鹭生活。

千石山是简阳的风景区,青青的丛林中,各种鸟儿都在齐声歌唱,溪水叮咚伴着鸟鸣热闹极了。儿子把小鸟放进丛林中,它似乎也对这新环境充满了好奇,四处张望着,循着鸟儿的叫声飞走了。

刘绍国终于松了口气,带着妻子和儿子就悄悄地回来了。回到家后,每个人的心中都不痛快,小鸟毕竟和他们在一起生活了四个多月,他们之间已经产生了很浓厚的感情。特别是刘绍国心里就像一下子失去了很多东西一样,空落落的。晚上,一家人正闷声不响地吃饭时,突然听到熟悉的鸟叫声,白鹭又回来了。一家三口一齐冲出来,看着站在窗台上探头探脑的白鹭,不禁开心地笑了。

回来以后的小白鹭对刘绍国更加依恋了。无论刘绍国做什么,它都寸步不离地紧随其后。又过了一些日子,小白鹭变得更乖巧了。刘绍国要抽烟时,它就从烟盒里夹一支,送到他手里;刘绍国洗完手,它就马上给衔来毛巾。到后来,刘绍国出车的时候,小白鹭也跟着他,怎么都赶不走,只好任由它了。小白鹭就站在车顶篷上,有时就在街两边飞来飞去,成了他的"小跟班"。

最让刘绍国感到意外的是,自从白鹭跟他一起出车以来,他的经济效益竟然出奇的好。许多人都远道慕名而来搭他的"白鹭车。"

眷恋那只鸟

动物保护是科学并非宗教。尽管有人提出极端的保护主义主张,如不杀生,不吃任何动物源食品,但这并不代表动物保护的主流和真正含义。那么人类为什么要保护动物?从本质上说,保护动物就是保护人类自己。

大卫是第二次到亚马孙雨林。在他住下两个星期后,突然发现他的帐篷外的一棵树顶上有一个鸟窝,土著"撒哈拉马干"人告诉他,这种鸟被当地人叫做"杜戈"。每天大卫都看见装扮艳丽的杜戈妈妈奔来奔去地给幼鸟喂食,有时它会站在鸟窝边叽叽喳喳地和孩子们说话,那种情景令人十分感动。

有一天,一只幼小好动的鸟羽毛未丰便急于窥探外面的世界,不料掉在大卫帐篷外面的草地上。当时他正在帐篷里做笔记,想出去关照它一下,又怕人的出现会给它的生活带来不便,于是就静静地坐在那里看它何去何从。起先它在地上扑棱棱跳了几下;想飞却飞不起来,大约一刻钟以后,它不再动弹了。大卫立刻从帐篷里轻手轻脚地走出去,唯恐吓着它。谁知一看见他出现,它马上扎煞起翅膀奔过来,脚跟脚寸步不离地尾随着他。见它这样亲热,大卫便从地上将它捧起来。就这样,杜戈走进了他的生活!

幼小的杜戈既活泼又顽皮,每天在生态站里跑来跑去,哪里人多它就吧唧吧唧地凑到哪里。有时大家正在谈天说地,它会冷不防飞到一个人的脑袋上,却又站不稳,于是便摇摇摆摆在人头上跳起舞来。书桌、蚊帐和厨房里,到处都留下它歪歪扭扭的小脚印。大伙儿不知道杜戈究竟吃什么,便随心所欲地将自己爱吃的一切都给它。它也不挑剔,米饭、面条、土豆泥、罐头、玉米样样都吃。夜晚,为了避免它被蛇捕食,大卫将它关进悬空吊挂的四周封闭的笼子里。

小家伙长得很快,不久便能飞到高处了。于是大卫给它换了更大的可以自由出入的家,这个家是他用长树藤编织的大笼子。杜戈似乎很懂事,每天天一黑,它就自觉跳到笼里去,清晨天一亮又轻轻地跳下来,一步一步走到他的蚊帐前,静静地守候在那里。一等到蚊帐里稍有响动,它便"喂儿喂儿"地叫起来。

一天,大卫在梦中被杜戈的尖叫声惊醒,随即听到它在蚊帐外扑棱棱飞来飞去的声音。大卫急忙跳下床,迅速将灯打亮。这时,大卫看见就在自己的蚊帐外,盘着一条碗口粗的黑蟒蛇,它的下半身卧在草地上,将头高高昂起,两眼冒着凶光望着他。杜戈一边大叫,一边惊恐地飞上飞下,好像要去啄大蟒蛇的头但又不敢。然而,它又怕蟒蛇攻击大卫,所以不愿离开。巨蟒见杜戈在头顶飞旋,迟迟不敢有任何行动,直到大卫的同事听见,将它赶走。

蟒蛇离开之后，杜戈好像也吓昏了头，它本来想扑向大卫，不料却飞错方向钻进了森林。大卫顿时吓坏了，立刻和几个同伴一起沿着森林边缘大声地呼喊，希望它能朝灯光飞来。5分钟，10分钟，半个小时慢慢地过去了，没有任何回音。终于挨到了天明，他又到森林边去寻找。这一次喊声刚刚出口，一条黑影倏地从林子里蹿到大卫跟前，是杜戈！他差一点叫出声来。

　　那天准备攻击他的，是一条有毒蟒蛇，如果没有杜戈看护着大卫，毒蛇肯定会钻进他的帐篷，那样后果将不堪设想。

　　逐渐地，杜戈越来越大，也更调皮了。说来也怪，杜戈似乎真有股人的灵气劲儿，除了大卫，它不喜欢生态站里其余的任何人，见了新来的同事，它便追赶着叼人家的脚后跟。和他们一同生活的两个黑皮肤的土著人十分喜欢杜戈，但它却绝不允许他俩靠近，恨得大家骂它是种族主义者。

　　终于，大卫的考察结束了，他不得不同朝夕相处了8个月的杜戈分手。大卫真想将它带走，但知识和理智告诉他，它只属于这莽莽的热带雨林。临行的那天，杜戈仍跟在他身边玩耍，他忙着收拾行李，无暇顾及它。不知什么时候，两只与它同类的鸟飞到附近的树枝上，不停地叫着。起初，杜戈有些紧张，抬着头朝上望。渐渐地，熟悉的声音好像使它明白了什么，它飞上另一棵小树。于是，三只鸟离得越来越近。最后，两只鸟飞走了，杜戈没有随它们同去，然而大卫却不得不离开了！

　　后来，大卫听说杜戈在他离开后的三天中，一直绕着他的帐篷飞旋，而且拒绝任何人送给它的食物。第三天晚上，杜戈终于飞走了，从此再也没有返回过生态站。再后来，人们经常在生态站附近的森林里看见三只绿背鸟，其中一只不畏生人，大卫想那一定是杜戈了。

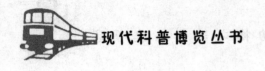

浓情依依

如今城市越来越大,郊区越来越远。在喧嚣的市声、稠密的人群和炫目的灯光面前热闹风光,但闲下来总觉得缺了什么。街头叫卖小金鱼儿的吆喝声久违了,秋夜墙角的虫鸣也很难再听到了,忽又想起好久没有看到萤火虫那明明灭灭的流光了。现代文明的发展伴随的却是自然野趣的日渐稀少,我想,偶尔袭上心头的失落感不正源于此吗?

12岁那年,王思宇随父母下放到北方的农村。第二年夏天,他终于有了个自己的房间。屋内只有一床、一凳、一桌,显得比较空旷。因为没有电,所以小朋友们一到天黑就得上床睡觉。偶尔夜半醒来,就能听到虫鸣及老鼠搬家弄出的声音。

不久,他就交到了很多农村的小朋友,父母也有了很多朋友。爸爸的一位姓江的农村朋友来看他们,送给王思宇一只刚满月的猫。这只猫浑身鹅黄色,两眼放光,脖子上还缠着一圈黑毛,宛若粗大的项链,把小猫衬托得分外漂亮。爸爸的朋友说:这只猫是外国种和当地土猫杂交生下的。后来他才知道是波斯猫,那可是名贵的猫种。至于它的祖上是否显赫,对他并不重要。他非常喜欢这只小猫,于是他给它起名为小黄。和其他猫类一样,小黄也喜欢昼伏夜出。爸爸在门口特意开了一个小洞,方便它进出。

小黄身上虽然皮毛很厚,但也怕冷。一到冬天,它就钻进王思宇的被窝,有节奏地打着呼噜。有时还睡在草锅盖上,借余热取暖。

小黄动作敏捷,身手不凡,奔跑、跳跃是它的强项,爬树、登高是它的特长。有时还在王思宇的面前就地翻身打滚,把自己弄得灰头土脸。不过顽皮之后,它总爱在太阳底下用自己的前爪沾唾液洗洗脸,就连身上的毛发也被舔得闪闪发亮。

小黄非常独特,只要王思宇唤一声,它就会乖乖地跟在他的后面。他带它到小菜地干活,它也不乱跑,它在菜地里捉小虫,自娱自乐。他做作业时,小黄就跳到桌子上,看着他写字。看着,看着,它就发出了细小的呼噜声,有时居然也能在他的桌上睡几个小时。逢年过节时,王思宇要随父母回县城探亲,不能把小黄带走,便寄养在江叔叔家。几天后,他回到村里,小黄摇着尾巴,不停地亲吻着他的双脚,就像见到了久别的亲人。不用说,他每次外出回来,都要给它带点好吃的东西。后来王思宇离开村里到公社上中学,与小黄分别的时间就更长。每次回家,小黄都迫不及待地爬到他身上,用它那温湿的舌头拼命舔他的脸。妈妈也告诉他:"你走后,小黄每天都要跑到你的屋里,看你回没回来。"他听后心里真有点儿发酸。

1978年初,他和父母返回城里。临走前,他们把一些不用的杂物送给需要的人。小黄似乎知道他要走了,依偎在他的身边,形影不离。他突然对它产生了一种生离死别的感觉。小黄不是一只普通的猫,而是与他患难与共的朋友啊!

他决定把小黄带回城里。那一天,小黄温顺地躺在他的怀抱里,一直到达目的地。回家后,他给小黄买了一条鱼,这是他给它做的最后一顿晚餐。

1980年,王思宇应征入伍。到部队不久,他却得知小黄死去的消息:它因误食被人药死的老鼠,死于非命。接信后,他遥望南天,默默无语。晚上做了一夜的梦:全是小黄。

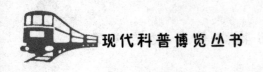

雕王蒙冤

实际上不管多么强大的人类都是不能独立生存的。现代人类的文明表现在工业文明创造的物质基础上，而工业文明的成果都是从大自然的资源中转化而来的。大家都在探讨研究采取措施。这一方面是为人类自身着想，一方面也是为了保持全球的生态平衡。人类是聪明的，人类若想要生存得更好就必须保护自己的生存环境。人与动物、与自然应该是一种共存互爱的信任关系。

南美雕生活在安第斯山的悬崖峭壁上，而它们却要飞到山下的秘鲁去，前往150英里以外的西海岸猎食。因此，为了追寻南美雕的踪迹，戴维·史密斯历尽了千辛万苦。这年夏天，他终于在安第斯山高高的山崖上发现了这种"鸟中之王"的巢穴。

一天，他躲在隐蔽处架起摄像机，准备用长镜头拍摄雕群。这时，他发现不远处有两只嗷嗷待哺的幼雕正摇摇晃晃地向悬崖边走去，显然它们没有起码的方位感。南美雕一般不攻击人类，但若发现人类出现在它的雕巢附近时，它们就可能一起发动猛烈攻击，用利刃般的尖嘴在瞬间啄瞎人的双眼，所以史密斯一直格外小心。可此刻眼看两只小家伙就要摔下悬崖，情急之下，他不顾自己安危地冲了过去，一手抓起一只，使它们远离了悬崖边缘。

正在这时，他听到一声嘹亮的长啸由远而近，只见一只威猛而神气的巨雕朝他和幼雕的方向笔直俯冲下来，后面跟着庞大的雕群。顿时，他吓出了一身冷汗，心想这下必死无疑。群雕着地后便纷纷闪开，给那只巨雕让出一条路来。原来，这是一只雕王。只见它头顶有一束雪白的冠毛，直直地挺立，像一顶皇冠。可奇怪的是，雕王并未对他发动攻击，只是以警惕的目光注视着史密斯。两只幼雕"呱呱"地叫着扑到了雕王的身边。这时,意外的情况出现了:雕王朝他点了点头,并扑扇了两下翅膀,史密斯明白这是雕王对他救了幼雕表示感谢。接着,雕王又发出一声长啸,两只成年大雕叼起幼雕,然后雕群迅速地飞上了天,很快便不见踪影。

顿时,他心里一阵狂喜:能在悬崖峭壁上见到雕群已是非常幸运,何况还发现了一只罕见的白头雕王!这将使史密斯此次的安第斯山之行有意外的收获。

可是,接下来的几天,他都没有见到南美雕的踪影。他推测,它们可能飞往秘鲁境内的西海岸捕猎食物去了。他决心下山追踪拍摄它们的觅食生活。

他来到秘鲁西南部沿海的一个小渔村,那里住着印加人。村民们告诉他,附近的扎瑞特岛是南美雕觅食最集中的岛屿。然而,当他打听那只白头雕王的下落时,他们却都显得惊惶不安。

原来,最近村子里的羊在夜间不明原因地死了好几只,像是被什么东西吸干了血似的。终于有一天,一个村民发现一只白头巨雕正在啃啄一头被扔弃于野外的死羊尸体。这件事很快在村里传得沸沸扬扬,从未见过白头雕的村民们断定这是一只恶魔附体的大雕,正是它害死了他们的牲畜,如果不杀死它,他们的村庄便会面临灭顶之灾。最近这段日子,全村人正在全力追捕那只白头巨雕,只是因为它非常凶猛和狡猾,至今还未被擒获。

听说这件事后,史密斯心里暗暗纳闷:南美雕一般白天捕食,晚上休息,怎么会突然改变习性,频频在夜间出来活动呢?再说,仅凭一只雕,也不大可能接连杀死体积远大于它的羊。史密斯决心前往扎瑞特岛探个究竟。

第二天,他驾着小船来到了扎瑞特岛。只见岛的上空有许多南美雕在缓缓地盘旋,寻觅着地面的猎物。

他决定设法引出白头雕王。既然这里是雕觅食的地方,那么它就一定会来!他在大树上精心搭建了一个隐蔽性很好的窝棚,摄

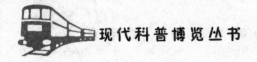

像机也架起来了。一切准备就绪后,史密斯心里既紧张又激动:引雕行动就要开始了。

一群海狮爬上岸来,他把枪口瞄准了其中最大的一只,扣动扳机后,它应声倒下。这时,一群巨雕从天而降,硕大的翅膀在空中急速掠过,刮起一股疾风,为首的那一只正是他在安第斯山见过的白头雕王。

雕群着陆后,毕恭毕敬地环绕在白头雕王周围,仿佛是等候指令。只见雕王引吭长啸一声,雕群便迅速覆盖了整个死海狮。它们拼命地啄食,吃饱后各自撕下一块肉叼在嘴里,在雕王的带领下朝远方飞去。

这下,史密斯确信印加村民见到的白头雕正是这只雕王,心里不禁担忧:村民们现在将它视作妖孽,一心要除掉它,所以这只白头雕王的处境非常危险。他决定自己先捉住它,将它保护起来,再找机会向村民们解释,这样也方便了自己的研究工作。

史密斯精心准备了一张大网,并用绳索全部套好,挂在较远的一棵大树上。他知道雕群明天会再来啄食那头死海狮,这样他就能趁机抓住雕王了。

天微黑时,月亮已经升起来了。他悄悄匍匐前行,打算将猎物拖入大网,可是他很快便发现麻烦来了:这只被啄得面目全非的死海狮足足有400磅重,还没拖出50英尺,他就满头大汗精疲力竭了。就在他坐在地上"呼哧、呼哧"喘气时,他听到了一连串的"哗啦啦"声,他赶紧躲入草丛。不知从哪儿飞来一大群足有猫头鹰大的怪物,它们开始拼命地吸食着鹅卵石上的血迹。史密斯感到毛骨悚然:那是被称为"吸血鬼"的美洲红蝙蝠!多年前它们便被认为已在美洲绝迹了,没想到竟出现在这个荒凉的海岛上。

原来,不只是雕依赖海狮存活,这种红蝙蝠也以海狮的血为食。突然,史密斯恍然大悟:"吸血鬼"一般在黄昏以后出来,主要在夜间行动,白天睡觉,那么印加渔村里那几只羊十有八九是被它们吸干血,白头雕王在啃啄已被它们杀死的羊时被村民看到,所以被误认为是凶手。史密斯决心为那只蒙受不白之冤的雕王洗清罪名。

然而，就在他想悄悄地离开被"吸血鬼"包围的海狮，准备朝树上的那个窝棚爬时，有几只红蝙蝠发现了他，恶狠狠地朝他扑过来。他大吃一惊，赶紧手忙脚乱地抵挡，可是越来越多的红蝙蝠怪叫着对他发动攻击。

就在这万分危急的时刻，他听到了南美雕的啸叫声。真是祸不单行，看样子他就要葬身于红蝙蝠和南美雕之口了。可他再定睛一看，为首那只雕竟是自己想抓的白头雕王。接着雕王率领群雕开始与"吸血鬼"搏斗，它们从空中俯冲下来，用锐利的尖嘴猛啄"吸血鬼"，然后用雕爪抓住腾空而起，从半空中将"吸血鬼"甩下。"吸血鬼"惨叫着，但又不甘心，仍然负隅顽抗，可是南美雕们不仅作战勇猛，而且有很强的群体观念，配合默契。很快"吸血鬼"便狼狈窜逃了。白头雕就这样救了史密斯，它绕着史密斯飞了一圈，然后率领雕群展翅而去。

第二天一早史密斯醒来后，又用枪打死了一只海狮，并费了九牛二虎之力将它弄到了网中。这时，岛上仍然大雾弥漫。不久，他发现天上有几只雕在盘旋，它们发现了死海狮，扑打着翅膀准确地降落在他布下的大网旁，然后钻进去毫无顾忌地大吃起来。他不失时机地将镜头对准了它们。

这时，一只硕大的雕从天而降。史密斯仔细一看，正是那只白头雕王！由于激动，他握着摄像机的手也颤抖起来。此时其他的雕纷纷避让，白头雕大摇大摆地钻入网中，然后独自大吃起来。史密斯紧紧捏着放网的绳索好一会儿，却不敢放下大网，因为一旦大网落下，如此多的雕自己根本制服不了！若它们一起发动攻击，他肯定招架不住。只听白头雕王一声长啸，他眼睁睁地看着雕群朝东边的安第斯山脉展翅而去。

接下来，他只能重新放置一些打死的动物，然后整理一下拉网，躲进树上的隐蔽棚继续耐心地等待时机。

有一天，它终于独自降落在旁边一棵硕大的木棉树顶上。它看清了近在咫尺的美食，开始在大网边缘徘徊，却并不忙着吃，而是机警地张望着，显然注意到了史密斯的棚屋，他的心咚咚直跳。可它马上振翅一飞，不见踪影。过了一会儿，他感到自己所在的这棵树上有动静，他探头一望，是雕王在树顶！它也正探头朝下看，双方的目光就这样相接了。虽然它救过自己，可史密斯心里还是有点恐惧。不过它没有发出任何声响，他吃惊地发现它的眼神充满了友善。

接下来的几天里，雕王总是单独飞来。它先在史密斯的窝棚周围逗留一会儿，然后再去吃网中的食物。他和它渐渐熟了，他给它取了个名字叫娜彼，娜彼显然很相信他，所以才吃得那么放心，这让他迟迟不忍动手，因为取得另一种生命的信任非常不容易，他不忍扼杀这种信任，然而为了能真正保护它，自己必须动手。

这一天，娜彼正在网中啄食时，史密斯狠狠地一拉，它就被那张大网盖住了。他赶紧从树上跳下去，收紧了网绳，使它不能动弹。它似乎还没有反应过来，他趁机将早已准备好的嘴套套在它的嘴壳上，以防它那利刃般的尖嘴啄自己或叫来同伴，然后用绳捆住它粗壮的双爪。娜彼清醒过来后开始扑打它那有力的翅膀，眼睛直盯盯地看着史密斯，似乎满是不解和愤怒，被套住的嘴里仍在发出微弱而绝望的尖叫声。他不敢多看，将它严严实实地捆住后放入帆布口袋，马上驾船离开了扎瑞特岛。

回到了村庄后，村民们得知史密斯抓住了"妖雕"，纷纷前来要求处死它。面对众人愤怒的目光，曾经威风凛凛的雕王显得很恐慌。想到这只白头雕王对自己曾那么信任，而自己却利用这种信任让它成了阶下囚，尽管最终目的是保护它，他还是感到难受，因为他不想被一个有情有义的生灵误解。他赶紧详细地对愤怒的人们讲述了自己被雕王所救的经历，可他们对凶手是"吸血鬼"的结论半信半疑。毕竟，他们没有见过"吸血鬼"。

然而几天后的一个晚上,史密斯的摄影机自动拍下了"吸血鬼"再次袭击羊的全过程,村民们这下终于相信娜彼是无辜的了,因为它一直被关着,根本无法"作案"。就这样,史密斯为蒙冤的娜彼洗清了罪名。在以后朝夕相处的日子里,娜彼渐渐明白史密斯一直对它是善意的,就越来越离不开他,不仅积极配合他的研究工作,还率领它的那些部下把再次前来"作案"的红蝙蝠打得落花流水,赢得了村民的喜爱。从此,娜彼和它的臣民们终于有了安定和谐的生存环境。

解 不 开 的 泪 结

　　人的耻辱在于稍遇风雨就离我而去,只有狗忠诚地伴我在狂风暴雨中!

　　安那托里·基姆用第一部书的稿酬在乡间买了一间半旧的小木屋。修葺一新后,就在这里和他的伙伴奥兰共同完成了以后的许多重要著作。

　　基姆曾一直梦想着有一条聪明、忠实、勇敢的纯种狗。他喜欢西伯利亚莱卡狗,读过许多有关这种狗的书。终于有一天,他有了一条这样的狗。它被带来时只有两个月大,是一个耷拉着耳朵的毛茸茸的小家伙。从他看见它的第一刻起,他们就喜欢上了彼此。他跪在屋子中央,轻轻地抱起它,而它则用温暖潮湿的舌头舔遍了他的脸颊,他们就这样认识了。

　　奥兰三个月大时他带它去森林散步。在踏进茂密林荫的一刹那,奥兰抬起了头,两只原本软绵绵的耳朵第一次竖了起来。从此,奥兰就有了两只像小斧子一样竖着的耳朵。

　　奥兰与生俱来地拥有优秀猎犬的所有特质。不到一岁时,面对一条体积比它大许多的驼鹿硕大的前蹄和铁铲般锋利的鹿角而毫无惧色。西伯利亚莱卡狗是唯一敢向狗熊和老虎挑战的猎狗，奥兰正是这个部族中的一员。发现驼鹿和野猪时，奥兰会发出野兽般的咆哮扑向猎物，直到猎物筋疲力尽，发出哀号。一次，奥兰去追一头成年野猪，被追得走投无路的野猪，躺在悬崖下的小沟里，彻底放弃了反抗。

随着时间的流逝，基姆终究意识到，自己到底不是一个猎人，这对一条优秀的猎犬来说，是一件极其痛苦的事。而奥兰却心甘情愿地从森林回到家中，成了他最忠实无畏的守护者。在寂寥荒芜的山村，奥兰无时无刻不陪伴在基姆身边。深夜，如果有人向他们的小木屋走来，它便立刻咆哮着扑向窗边，提醒他可能发生的危险。散步时，它是他的开路先锋，总是跑在他前面，赶走野狗，扫清道路。并不是每个迎面碰上的行人都可以靠近他，奥兰总会先回过头，用目光征询他的同意。很快，在附近一带的村民眼中，基姆和奥兰几乎成了传说中的人物，他的守护神赢得了村民的尊敬和喜爱。

邻村一位叫伊万的猎人见识过奥兰在打猎时的矫健身手，早就想得到奥兰，基姆一直没有答应。而这次基姆要回莫斯科过冬，就只好把奥兰留给了伊万，打猎能让奥兰释放它的本性。再说，伊万毕竟是个可以信赖的朋友。

然而他走后不久，伊万的电报便到了："快来接走你的狗。"他立刻动身赶到乡下。原来，奥兰在打猎时的出色表现虽然无可挑剔，但它拒绝住澡堂。它用锋利的犬牙撬开浴室的板棚，冲出院子，整天坐在村口，谁也不能靠近它，它甚至咬伤了其他的猎狗。村民们渐渐害怕起奥兰，因为那是通往邻村的唯一一条路。没办法，伊万只得用铁链把奥兰锁起来。从此以后，基姆再也没有把奥兰独自留在乡下过冬。

还有一次，邻村的一位猎人想让奥兰为他的狗配种。他们把奥兰带到那里，看上去，奥兰和它的新娘还合得来。于是基姆和新娘的主人一起把它们关进宽敞的兽栏，回到屋里烤火、喝茶。基姆打算回自己的村里去小住两天，等奥兰有了好消息后再回来接它。

就在基姆打算动身的时候，突然听到用爪子抓木门的声音，是奥兰！

奥兰是怎样越过两米高的兽栏和层层铁丝网的，至今仍是个谜。基姆打开门，奥兰像一股旋风般地冲进来。吃惊的新娘主人刚出去，就立刻跑回来，声色俱厉地要他赶快把奥兰带走。原来，奥兰不但冲破了两米高的兽栏和铁丝网，还把新娘咬得遍体鳞伤。

就这样，奥兰的一生中，从没有交配过。基姆说，这是他愧对奥兰的又一个原因。为了它的主人，奥兰放弃了一切。除了基姆，奥兰的生命中已经容不下其他任何人，一直到它生命的结束。

奥兰13岁时，死神降临了。

对猎犬而言，13岁已经到了生命的极限。它的身上开始散发出衰老的气息，雪白的毛色失去了往日光鲜的色泽，双耳已软绵绵地耷拉下来，硕大的犬牙开始发黄，高高翘起的尾巴也耷拉下来，爪子上的溃疡再也难以愈合。基姆知道它随时都可能离开他，他只有全身心地、寸步不离地守候在它身边，才能回报它一生无私的挚爱。但他却在它生命的最后一刻弃它而去。

基姆离开的那一年，也是奥兰生命的最后一年。许多年以后，当地人告诉基姆，那时奥兰每天都跑去邻村的长途汽车站，无望却执著地朝村口方向张望。直到汽车开走，奥兰才蹒跚地跑回家中。当地人都认识奥兰，开大客车的司机后来告诉基姆，有一天，他开车迎面看见了奥兰，"它一定是老眼昏花了，"司机说，"我的车开得很慢，它却像没看见似的，突然一个急转弯，就滚到了轮子底下。"

基姆的大女儿，那时已经做母亲了，听到这个消息后，拿着铁铲赶到奥兰出事的地方，把它埋在路边。

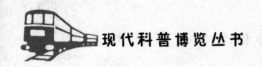

那一刻,基姆正在遥远的南方,他做了一个奇怪的梦,梦见自己趴在一个大坑边朝下望,发现奥兰躺在坑底。突然,它发出一声婴儿般的呜咽,睁开了双眼,眼中充盈着鲜红的泪水。

他从梦中惊醒,泪水已经浸湿了他的枕头。

奥兰是上帝的使者,来到世间传播挚爱,启迪人类。它告诉人们:真爱不计酬劳,无须回报。

含泪的风景

有些孩子试图跟多吉一起玩耍,但是,多吉非常忧郁悲伤地拒绝了他们,它只是无言地摇摇尾巴对人们的友好表示感谢。一位家畜专家说,多吉会每天哀念主人,直至永远。

安纳贝尔公墓位于洛杉矶市郊,那里芳草萋萋,野花点点。在一个绿阴环抱的墓碑旁,有一只黑白相间的牧羊犬孤独、忧伤地守护在那里。它一动不动,眼中流露出的悲哀神情,足以让任何见过它的人为之动容,它像婴儿般地呜咽着,好像在呼唤着它心中的"挚爱"!

这只悲哀的牧羊犬名叫多吉,墓碑下埋葬着它的主人阿利斯特·麦肯尼斯。自从1991年阿利斯特长眠于此后,忠心耿耿的多吉便一直守候在这里,整整8年!它再也不愿意离开主人安眠的地方,它只是靠好心的墓园工人和扫墓人喂点食,以此延续着生命。

阿利斯特与多吉的交往始于10多年前。当时,退休后的阿利斯特闲着没事,便常在寓所附近的几条街上散步。一天,他偶然看到街角里蜷缩着一只又脏又瘦的黑白花狗,走近一看,只见狗的身上长满了疮疤,这一定是只弃犬。阿利斯特便将这只弃犬带回家,为它洗净身子,抹上药膏,买来丰盛的狗食品,还为它取了个名字叫多吉。就这样,多吉在阿利斯特的细心照料下,很快恢复了。它毛色发亮,双目顾盼生辉,出落成了一只地地道道的"英武犬"。

阿利斯特自从有了多吉,也像换了一个人似的。多吉成了他不可分离的朋友,他们就像"情人"一样,每天相伴着出门散步。

有一次,老头子心脏病发作,躺在寓所的地板上不省人事,极通人性的多吉跑到窗前,拼命地叫起来,引起邻居们的注意,他们赶紧叫来急救车,救了老头子一命。从此,阿利斯特更是对多吉宠爱有加,他们同桌吃饭,同室休息,达到了真正的形影不离。

1991年10月22日,80岁高龄的阿利斯特突然中风,跌倒在地板上。多吉见此情景,又像上一次一样跑到窗前狂吠不停。有过上一次经历的邻居们急忙过来,然而,医生回天乏术,阿利斯特还是不行了。看着它钟爱的主人被抬上急救车,多吉不停地呜咽着。

在葬礼的那一天,阿利斯特的已经56岁的儿子肖恩知道了父亲晚年与这只牧羊犬非同一般的关系,于是就将多吉带到了墓地。在下葬时,肖恩将多吉锁在小车上,神情黯然的多吉后腿直立,两只前腿趴在车窗上,悲哀地看着人们将阿利斯特放进墓穴。在牧师进行最后的祷告时,人们听到多吉在50米开外的汽车里发出凄厉的哀嚎。

在场的人看到这种情形都感动不已,肖恩跑去打开车门,多吉箭一般地蹿了出来,直奔阿利斯特的坟墓。它在已培上新土的墓地里不停地刨着刨着,在知道所有的努力都无济于事后便蹲在墓碑旁,任凭肖恩怎么呼唤,它再也不挪动半步。就这样,无论酷暑严寒,无论刮风下雨,这只心碎的牧羊犬一直守候在阿利斯特的墓碑旁,它呆呆地看着墓碑,似乎还在等待他的主人重新回来。

肖恩拿这只痴心狗没办法,他只得吩咐守墓人亨莫给多吉送点吃的。亨莫听说此事后,也很惊奇,他每天都去墓碑旁看多吉。在大雨倾盆的日子,亨莫担心多吉淋雨,试图将它带回自己的住

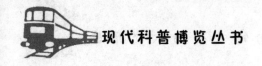

处,但固执的多吉却不肯离开墓碑半步。无奈之下,亨莫只好将一张雨布披在它身上。

有一年冬天,天气特别寒冷。肖恩和妻子一道来到墓地,他们强行将多吉绑上汽车,带它来到了自己温暖的家。然而,多吉却烦躁不安,一个劲地在房间里转来转去。它拒绝睡觉、进食。在一个夜深人静的夜晚,它终于跑了出去。在寒冷的冬夜里,它跋涉了6英里,回到了墓地。第二天,亨莫发现多吉的腿受了伤。原来多吉为了回到墓碑旁,差点被一辆汽车轧死!

肖恩知道自己再也没有办法让多吉离开墓地,他所能做的只是给它带来一些食物,让多吉继续进行它那孤寂而漫长的"守灵"。

或许有人见过生死不渝的爱情,也听说过万古长青的友谊,但也许还不知道,一只狗对主人会忠诚到这种程度。它们的确是世界上有情有义的生灵啊!

爱你依旧

人类发展史不断地从野蛮走向文明,但当我们以极不文明的方式对待与我们一样具有悲喜感受的动物时,文明仅仅是一个遥远的目标。

查尔斯夫人是一个非常喜欢猫的人。她养过不少猫,但她最喜欢的是一只雪白猫。这只猫浑身雪白,没有一根杂毛,胖胖的像一个雪团。它走路时,总是目不斜视,挺胸,抬头,一步一步,简直就如模特的猫步。那神态安详傲岸,气派庄重,线条流畅。她给这只猫取名"雪球"。

查尔斯经营的是一个农场,他们住的是平房。雪球在外面玩够了回来,身上很脏,所以夫人总是先给它洗澡,然后才允许它上床。但雪球可不管这一套,从外面跑进来,便往床上跳;如果看见屋里有人,就先在地板上转悠,看人不注意它,先往床边搭上一只脚,停一下,看看反应,再搭上另一只脚,随后就腾地跳上床,往那一趴,两只眼睛瞧着你。这时,夫人要是喊它下来,它就身子一团,头往里一缩,动也不动。这时看它那副无赖相,也不忍心再轰它下床了。

只要家里有人,雪球很少出去。查尔斯一家都非常疼它。每天查尔斯和儿子小查理都要抽时间到河边去钓鱼给它吃。夫人总是用剪刀把鱼收拾干净后,再煮熟了喂它。雪球的记性很好,几次之后,只要听到夫人动剪子的声音,它就很快跑回家,在门边里是南美洲野生动物的天堂。

这是尼亚和瑞亚出生以来第一次来到真正的野生丛林。它们在笼中开始还很安静,过了没多久,两个小家伙竟兴奋地发出了"嗷嗷"的叫声。这样一来,路上那些野生小动物们更是吓得飞蹿而逃,连一群蜘蛛豹也绕道而跑。车上有了这一对小"山林之王",约翰和彼克如同多了一道护身符。

美洲虎是世界上第三大猫科动物,可是现在已经日渐稀少了,即使约翰和彼克驾车穿行亚马孙,所见也很有限。

不过,一直待在动物研究所的尼亚和瑞亚可不知红钢鹿为何味。尽管未到美洲前它们一直被分开饲养,可并不妨碍它们在旅途中迅速地建立起亲密的友谊。

相对于那对美洲虎,约翰和彼克可就显得有点陌生了。一路上,两人说话并不多,大多数时候都沉默不语,从前的无话不谈似乎已经离他们非常遥远了。不过两人的合作还比较默契,经过一路跋涉,他们与两只美洲虎之间倒是建立了深厚的感情。

一天,约翰和彼克的车开到了一个比较开阔的丛林地带,两人决定休息。尼亚和瑞亚也被从笼中放了出来,它们兴奋地在车子附近蹿来蹿去。这时,瑞亚竟玩心大发地开始去扑一只美洲虎

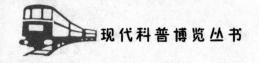

斑蝶,可无论它怎么腾挪跳跃,也抓不着。约翰和彼克饶有兴致地观看它那憨态可掬的样子,不禁感到很好笑,而自动摄像机已经将这一幕"蝶戏美洲虎"的情景拍了下来。

然而此时,两人都没有注意到顽皮的尼亚正沿着他们身后的丛林越走越远,原始而野性的山林气息似乎唤醒了它骨子里那种无拘无束的天性,尼亚被它从未真正接触过的热带雨林吸引了。

等到约翰将注意力从瑞亚扑蝴蝶的游戏中收回来时,他发现尼亚已不见踪影,不禁大吃一惊:"彼克,尼亚不见了!"两个人开始呼唤尼亚的名字,然而山林里传来的只有他们的回声。可是他们又不能贸然开着越野车在地形复杂、广阔无边的丛林里去寻找,只好在原地等待,希望尼亚玩够了自己能回来。

瑞亚似乎也意识到自己的伙伴失踪了,它再也无心扑蝴蝶了,开始绕着主人和车子走来走去,不时大声叫着,显得焦躁不安,好像在呼唤尼亚回来。可直到黄昏,仍不见尼亚的踪影。两个人决定放弃等待,继续上路。

临走时,瑞亚发出悲哀的呜呜声,半天不肯进笼子,显然是牵挂着失踪的伙伴尼亚。约翰使劲将它推上了车,直到汽车已经启动了,它还在发出悲鸣。

彼克心里怦然一动:两只美洲虎之间尚能建立如此深的感情,自己和约翰为什么反而形同陌路呢?他又转念一想,那是因为尼亚和瑞亚在人工饲养的环境中没有生存的忧虑,彼此之间也没有冲突和威胁,现在尼亚已经回归大自然,以后即使遇到被放养的瑞亚,它们也不可能再成为过去那样亲密的虎兄弟了。约翰在彼克身边默默地开着车,不时从车前镜中看一下彼克,彼克显然也若有所思。

汽车在亚马孙地区继续前行。可能是因为失去了尼亚,瑞亚也似乎失去了往日的生气,常常一声不吭地蹲伏在笼中,休息时也不再兴奋地蹿来蹿去了,连虎斑蝶停在它头顶也不理不睬。

越野车终于开进了广阔的彭巴草原,只见成群的羚羊在这里悠闲地吃草,间或有红钢鹿奔跑而过。约翰和彼克决定暂时驻扎下来。

眼看瑞亚一天天长大,他们开始有计划地训练它捕食草原上的动物,逐渐培养它适应野生环境的能力。开始的时候,它似乎不忍心咬死那些羊和鹿,常常放跑了主人为它锁定的目标。约翰只好同彼克商量不再拿他们用枪打死的动物喂瑞亚,让它自己找食物。

这一天,约翰和彼克来到一片矮灌木丛,准备采点野果。正在这时,约翰听到彼克低声叫道:"一只美洲虎!"约翰一听心中马上一个激灵,猛然调头一看,竟有一只威猛的美洲虎缓缓地朝自己和彼克踱了过来。奇怪的是,它的眼神竟非常柔和。清醒过来的彼克赶紧端起了枪,然而作为动物工作者,不到万不得已他们是决不愿伤害野生动物的。

这时,约翰灵机一动,吹了一声口哨,紧接着,正在不远处学习觅食的瑞亚猛地蹿了过来,一下子挡在约翰和彼克前面。可那只老虎明显地在体形上占优势,浑身散发着真正的"山林之王"的气息,瑞亚似乎很快被它的气势威慑住了,竟一动也不动。那只美洲虎也停下了脚步,盯着瑞亚。

然而,让约翰和彼克大感意外的情景出现了:两只美洲虎竟同时发出了震撼人心的啸鸣,然后蹿跃在一起,开始亲昵地啃咬、摩擦、打滚。此时,两人终于看清那只美洲虎正是失散已久的尼亚!约翰和彼克欣喜万分。

接来下的日子,两人和两虎又共同生活在一起。虽然尼亚仍然像以前那样听从他们的调遣,但约翰和彼克还是发现尼亚身上已经有了很深的野性,每次捕食时它都显得非常凶猛敏捷,常常纵身一扑,一张口便能咬断一只红钢鹿的咽喉。相形之下,瑞亚就弱多了,常常只能给尼亚当帮手叼战利品。显然,完全回归自然的尼亚比一直和人待在一起的瑞亚更适应草原优胜劣汰的生活。

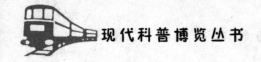

  不过,让彼克和约翰觉得奇怪的是,每次捕获了猎物,无论大小,即使是一只野兔,尼亚也要和瑞亚分享。要知道,以尼亚庞大的体形,它的胃口应该是很大的。看来,这对虎兄弟并没有因为分离而削弱感情。不过,他们心里有点不平衡:自己作为人类尚有一己之私,它们是动物,难道就如此讲感情吗?

  这一天,约翰和彼克来到河边钓鱼。两只美洲虎不耐酷暑,早就跳到河里游泳嬉戏了。两人看着那对虎兄弟可笑的调皮样,觉得很有趣,赶紧拍了下来。约翰若有所悟地对彼克说:"你看,它们可真是一对好兄弟啊!"一时间,彼克心里也颇有感慨。

  正在这时,只见一条硕大而丑陋的美洲鳄悄悄地逼近了瑞亚,约翰赶紧吹哨大叫:"瑞亚小心!"可为时已晚,美洲鳄已经闪电般从水中蹿出,咬住了瑞亚的一条后腿,立刻把它往水深处拖。瑞亚惨叫一声,然而它无法转过身去反击,而且它毫无对付这种凶残鳄鱼的经验。

  彼克和约翰在岸边焦急地看着,没有任何办法。这时,尼亚意识到眼前的危险,它怒吼一声蹿到鳄鱼旁边,虎口一张咬住了鳄鱼背,然而这种水中恶霸有一身坚硬的皮,短时间内尼亚无法置它于死地,它仍咬住瑞亚的腿不放。尼亚很快将两只前爪扑在它头部,开始去抠它厚厚眼睑下的眼珠,那里正是美洲鳄的致命处。它终于放开了瑞亚,同时身子一扭,摆脱了尼亚,就势咬住尼亚,往水底沉。受伤的瑞亚猛地发出了一声约翰和彼克从未听到过的吼叫,凶猛地扑向那只美洲鳄,一只咬住了它的尾部,拼命地朝岸边拖。美洲鳄腹背受敌,只好放开尼亚,又扑向了瑞亚,但尼亚不让它得逞,继续用爪去扑它丑陋的头颅。

  这时,河水被血染红了,美洲鳄在两只美洲虎的夹攻之下终于带着重伤沉了下去。尼亚和瑞亚赢了!它们并排着缓慢地朝岸边游来,一路上载沉载浮,但始终不离不弃,终于爬上了岸。

约翰和彼克激动地分别搂住了这对勇敢的虎兄弟,被它们的无私无畏深深打动了。摄像机已经拍下了它们在水中勇斗美洲鳄的全部过程,这将给两人的考察工作提供珍贵的第一手材料。

飞 翔 的 路 上

　　鹰应该是统领天空的君王,其威猛和剽悍,使它无愧于百鸟之王的美誉,但是同人类相比,鹰只能屈尊于弱者的行列。我始终相信,那么多鹰的销声匿迹,绝不是自然消亡的结果,而是与人类的伤害有关。鹰不可能主动退出天空的大舞台,那种鹰击长空的壮怀、激烈,那种邀游云海的翩翩舞姿,早已成为鹰的生命和血脉的一部分。

　　2001年7月12日下午,墨西哥恰帕斯州立大学体育馆内座无虚席,人们屏息聆听着萨克斯独奏——《峡谷里的鹰》,悠扬的一曲演奏完毕,观众席上响起了雷鸣般的掌声。演奏者是一位黑头发的小伙子,他微笑着向人们致谢,站起身时一条裤管却是空的……然而,在惊奇之余却没有人知道在他身上发生的一个真实的、关于一只墨西哥黑鹰的感人故事……

　　1999年,内森·科力亚还在恰帕斯州立大学念法律专业二年级,他身高1.94米,是校篮球队的主力后卫,教练非常赞许他在篮球上的天赋;而开朗热情的性格也使他身边不乏追求者和朋友。当时与内森热恋的女孩叫罗娜,是一个美丽的混血金发女郎。内森一直以为,他会这样在阳光下度过快乐的大学时光,但是1999年3月19日的那个深夜,内森的命运突然被完全改写了。

　　那一天正是周末,内森和罗娜在一间酒吧玩到深夜两点多钟,将罗娜送到家后他才开车回家。兴奋之中车开得很快,当他

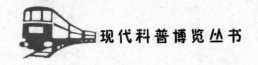

看到街角拐弯处正在倒车的大邮车时，一切都来不及了。刺耳的刹车声中，他只感到腿上一阵撕裂的痛，然后就什么也不知道了……

当内森从昏迷中醒来时，下半身隐隐作痛。事实上，由于右腿伤得太厉害，医生已经为他做了截肢手术。

两个月后，内森出院了，少了齐膝以下的右腿，多了一副拐杖。他不愿拄着拐杖出门，常常把自己关在房里，满脑子想的就是永远不能再打篮球了。而罗娜从出事到现在一次也没来看望过他，内森清楚这代表了什么。内森的意志一天天消沉下去，他想到了死。

6月24日清晨，内森偷偷走出家门，搭上了去厄里蒂斯风景区的专线车。厄里蒂斯山脉是恰帕斯州的游览胜地，更以墨西哥黑鹰的故乡著称。

内森站在悬崖边，看着几只黑鹰展开硕大的羽翼，依赖强劲的气流浮在半空。拐杖一动，几粒石子咕噜噜滚下山去，许久才传来落地的声音，他不由得颤抖了一下。在死的边缘，内森犹豫了，这时他突然听见一种奇怪的声音，内森心中一动，循着声音找去，发现在脚下约摸五六米处，一只雏鹰被夹在岩缝里，在雏鹰上方不远处，是一只墨西哥鹰的巢穴，这小家伙极有可能是在巢里练习扑棱翅膀时跌下去的。如果没有人去救它，它要么摔下去跌个粉身碎骨，要么就是夹在这里活活冻死饿死。看着雏鹰苦苦挣扎叫唤，内森终于决定先抛开自杀的念头，救了这小东西再说，他扔掉拐杖，吃力地向山崖下爬去。当他好不容易来到那条岩缝处，内森的手肘和膝盖已经磨得血肉模糊了。他伸出手小心翼翼地挨近雏鹰，它立即狠狠啄了内森一口，他一惊一疼，差点滚下山去，但最终还是一把抓住了它。

终于，内森抱着雏鹰气喘吁吁回到了崖顶。它看起来才出生不到一个月，左边的翅膀奇怪地折着，一定伤得不轻。

内森带着雏鹰回到家中，兽医说，这只墨西哥黑鹰折断了翅膀,极有可能活不下去。纵使侥幸活了下来,也是一只不能飞的鹰,永远不能回到野外独立生活。送走医生,内森使劲盯着雏鹰,暗暗叹了口气:"和我一样的可怜虫!"他给鹰取了名字叫"阿克多",在玛雅语里是"荣耀的鹰"的意思,然后,内森在院子里为它搭了一个巢,"但愿你能活下来……"

两个月后,阿克多不仅活下来,而且长大了。

就是它的左翅,总是半张着,既收不拢也无法完全展开。当它倨傲地蹲在巢顶时,这不能不说是一个可悲的缺憾:断翅的鹰。

阿克多是个高傲的家伙,除了内森,谁喂东西都不吃。它一点也不为断翅而沮丧,每天在草坪上扑棱翅膀,摆出跃跃欲飞的架势,偶尔也能蹿起几英尺高。

内森的母亲开始为他的下一季度开学做准备了,可是内森对于再回学校一点兴趣也没有。他每天就站在窗前看阿克多扑打翅膀。觉得自己也和阿克多一样,断了翅膀,再怎么努力想飞起来,也只是徒劳。

9月的一个晴朗的傍晚,内森突然听见外面母亲大声叫喊着,他以为出了什么事,匆匆拄了拐杖出来。只见母亲满脸惊喜地望着屋顶,原来阿克多竟然站在屋顶上!它是怎么上去的?阿克多看见内森,兴奋地长鸣一声,拍拍翅膀就从屋顶上"飞"下来——滑翔了一段时间,但落地时还是扑通一声闷响,摔得似乎不轻。内森目睹着这一切,先是惊奇,然后是怜悯,最后是一种同病相怜的悲哀。

然而阿克多一点也不气馁,它站起来,用力拍打着翅膀再次蹿到栅栏上,又跃上树冠,最后猛一振翅跳上屋顶,准备开始它的第二轮飞行练习。又是重重地一摔,阿克多用翅膀支撑着站起来,抖抖羽毛,又接着准备第三轮的飞行……不知为什么,内森的眼眶慢慢湿润了,而母亲则拍了拍内森的肩:"瞧,它很努力!"

内森在妈妈的鼓励下,又回到了学校,决定重新开始。然而当内森看到四肢健全的人在球场上奔跑追逐,看到罗娜挽着新男友走过校园,心里非常难受。更难受的是他受不了人们古怪而怜悯的目光,受不了同学们用一种夸张的同情语调在背后议论他的断腿,受不了连上卫生间都有傻瓜自以为好心地走过来:"我来扶你吧!"

看到这一切他心烦意乱。从此他变得更加沉默寡言,敏感易怒,每个人都对他敬而远之。

一直到11月的一个周末,内森推开院门,却不见阿克多那熟悉的身影,它不在院子里,也不在屋顶上。他慌了神,一只飞不起来的鹰,会跑到哪里去呢?就在此时,头顶突然传来了鹰的长啸声,内森一抬头,就看见蔚蓝的天空中,那只熟悉的黑鹰以一种独特的姿势翱翔着,它无比惬意地享受着迎风展翅的快乐……那是阿克多!医生断言不可能飞起来的鹰!它飞了,虽然半空中的它总是向左歪斜。刹那间,他的心感受到了从未有过的强烈撞击,他突然彻悟了……

阿克多在院子上空盘旋了几圈,轻轻着陆了,它在内森面前得意地挺了挺胸。它真的长大了,乌黑发亮的羽翼更加丰满,原来孱弱瘦小的身子也长成了60厘米的块头。尤其是它已经有了鹰的眼神,犀利的目光也隐隐透着王者的威仪。

就是那一次,内森真正感悟到了生命中的一些重要意义,从此,内森彻底改变了自己生活的态度,他要向大家证明:虽然少了半条腿,但内森还是内森!他做到了。

而那只给了内森神秘启示的黑鹰也愈飞愈高,愈飞愈远了。它不再留恋院中的小巢,有谁听说过一只墨西哥黑鹰会被人豢养在庭院里呢?

但阿克多依然会偶尔盘旋在小城的上空,有时是一个星期,有时会让内森等上一个月……它成了那里一道独特的风景!

黑鹰的飞翔让他明白:飞翔的路上,尽管是含泪的风景,但最重要的是敢于振翅高飞,永不停歇。

爱 的 吟 唱

向动物献出真诚的爱心,即将灭绝的动物在人类的共同努力下,是完全可以繁衍生息的。

1998年8月15日,秋高气爽。一个叫娃奴卫尔亚的泰国青年带着他38岁高龄的母象默塔郎前往麦安玛森林拖木材。中午休息时,默塔郎独自去找草吃,娃奴卫尔亚则靠在一棵大树下打盹,忽然他听见丛林深处传来一声巨响,还伴有默塔郎的惨叫。娃奴卫尔亚立即冲进丛林,他不禁倒吸一口凉气,默塔郎踩中了一颗地雷!它被活生生炸断了左前足的脚掌。娃奴卫尔亚和母象默塔郎朝夕相处已有深厚的感情,此时,他只有一个念头,那就是一定要医救默塔郎,于是他奋力托住默塔郎那庞大的身躯,帮它站起身来后,又用双手托住它受伤的左足。就这样,一人一象相互扶持着走了4天4夜才终于赶到离麦安玛整整300公里的兰普汉。

8月19日晚9时,当娃奴卫尔亚领着默塔郎赶到兰普汉大象医院时,他不顾自己的劳累与疲惫,焦急地冲进医院呼救。而默塔郎则半蹲在医院门外宽大的院子中央,用三只脚摇摇晃晃地支撑自己,血肉模糊的左前足半悬在空中不停地抽搐着。这头可怜的母象甚至已经痛苦得失去了哀嚎的力量,只是使劲地甩着自己的鼻子,仿佛正在竭力忍痛。

很快,沙尔医生为母象仔细地检查了伤口:此时伤口已经严重感染,部分肌肉甚至开始腐烂,伤势十分严重。

沙尔医生立刻决定,将母象的三只脚和鼻子都用铁链牢牢缚住,再把一整桶消炎水套在大象受伤的左前足上,使伤口完全浸泡在药水中。约一小时后,当护士们将桶从母象的小腿上解下来后,沙尔才彻底看清楚伤口:两根脚趾不见了,剩下的一根也只留

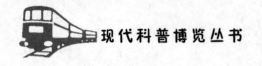

下了一截硕大的白骨。更严重的是脚掌和小腿连接处的肌腱、神经和血管被炸碎,互相粘在了一起,整个脚掌已被炸得面目全非。

沙尔神情严肃地对娃奴卫尔亚说:"它的这只脚已经没有用了,我们必须立刻把它转到技术和设备最先进的'大象之友协会'去,这样或许还能挽救它的生命。"

当晚11时35分,沙尔和娃奴卫尔亚就乘着一辆装载着受伤大象的货车飞速向泰国北部的"大象之友协会"赶去。

8月20日,当他们到达"大象之友协会"之后,默塔郎的伤情立即惊动了协会的领导和所有相关的医护人员,可是在经过所有医生会诊后得出的结论却是:由于伤势严重,感染面积太大,尽管经过处理暂时控制了伤势,但要挽救默塔郎的生命就必须截肢!

由于此项手术需要一笔庞大的经费,可是生活拮据的娃奴卫尔亚却根本无力支付。与此同时,默塔郎的伤口急剧恶化。大家都一筹莫展,情势陷入了绝境。最后,在沙尔的建议下,"大象之友协会"决定通过传媒的报道来寻求经济上的支援以及技术上的帮助。

不久,泰国国家广播电视台等几家媒体对此事进行了报道,默塔郎的不幸立刻引起了泰国人民的关注。很快,协会便收到了来自各地的募捐款12.6万美金,还有各大医院的许多医生也纷纷表示愿意无偿地为默塔郎做手术。

协会从自愿加盟的医生中抽出11人,组成了一支包括沙尔在内的特别医疗小组,他们中间有4名兽医、7名医疗专家,但显然谁也没有为大象做手术的经验。小组对种种难题和可能出现的情况进行了设想和相应的解答,并依此拟出手术计划。

1998年8月28日,手术正式开始了。在这特殊的"手术室"中,有一张由24只消防水管编织而成的巨大手术床、两把手术刀、一把电锯和一把木锯,以及强心剂、心电仪等仪器设备。默塔郎在工作人员为它注射了超过正常人70倍剂量的麻醉剂后,"躺"在了手术床上,而橡胶水管的良好弹性大大减轻了母象的心脏负荷。必要时,还将随时准备为它电击,保证其活力。手术最困难的部分是锯掉默塔郎小腿上被感染的部位。沙尔和另两名医生小心地用木锯将受感染的肌肉和粗厚的外表皮锯开,由肌肉腐烂的程度决定要截去的长度;然后用木锯将象腿骨外面层层包裹的皮肤、脂肪、肌肉一一锯断;接着用电锯一点点地锯断默塔郎坚硬的腿骨。只要稍有不慎便会前功尽弃,人们不由紧张得牢牢盯住沙尔医生手中的电锯。"手术室"里电锯与腿骨摩擦时"格格"作响,不禁令人毛骨悚然。

这个特殊的手术在经历了整整2小时45分钟之后,终于结束了,而此时各种电子仪器都表明:默塔郎一切正常,这个史无前例的手术成功了!

人们没有放弃这头被炸断了腿的老象。可见,人与动物之间的感情,已经远远地超过了当初利用动物的极限。在这头大象身上,人类所付出的不只是昂贵的医疗费用和繁琐的手术过程,所付出的还有颗颗爱心。

英雄火鸡

谁道群生性命微,一样骨肉一样皮!

爱克尔·伯瑞家很穷,他没有工作,妻子又正怀着一个孩子,所以他们只好不停地搬家,而且越搬越小。麦克尔非常乐观,他风趣地说,不是房子小了,是因为人多才使房间显得小。

圣诞彩票给平静的生活带来巨大的惊喜,因为彩票是麦克尔用一英镑购买的,为此妻子和他吵了一架。因为在当时一英镑可以买一块熏火腿,但他却说他得到快乐就足够了。

麦克尔选的是彩票上面的6号数字,因此他自豪地说:"6号

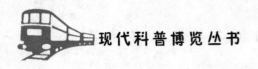

是我的幸运号码,因为我准备生6个孩子。"那时麦克尔已有5个孩子,最大的科维12岁,最小的乔恩5岁。

离圣诞节还有3天时,突然得到消息,他们中奖了。"亲爱的,我们的好运终于来了。"妻子兴奋地对麦克尔说,"你知道是什么奖品吗?"

麦克尔神秘地微微一笑:"听小道消息说,奖品是一只火鸡。"孩子们从未见过火鸡,都惊奇地张大了嘴巴。妻子得意地说她小时候在农场里吃过火鸡,脆脆的皮子,柔软的白鸡肉,放些腊肉和草药一起炖,香气四溢。她这么一说,孩子的口水直流,迫不及待地想吃火鸡了。第二天,麦克尔带着圣诞火鸡返回曼尼街的场面,完全可以成为他们家族史上的重大事件。

孩子们站在院子里,欢迎麦克尔带着火鸡凯旋。"老天!"科维尖叫,塔努则道:"太酷了!"妻子的脸则充满探究的困惑:"是——只——活的!"

麦克尔将车费省下来买了一瓶酒庆贺,所以是牵着火鸡回家的,两英里的路对他来说不算什么,但对只有两英尺高的火鸡来说,可有点吃不消。它还不太适应城市生活,麦克尔在它脖子上系了根绳子,以防止它四处游荡。到家时,它活像从遥远的沙漠拖回来的囚犯,晕头转向。

孩子们弯腰踢它一脚,又抚摸它砖红色的肚囊和黄色的爪子,就立刻爱上它了。"但是,它有什么用?"塔努提出了一个他们都很担心的问题。是呀,作为宠物,它应该具有不同于其他动物的技能,狗可以看家,猫会抓老鼠,但火鸡有什么特长呢?

妈妈接过话头:"火鸡是用来吃的。"

吃?孩子顿时安静了下来。自从看到这只浑身长毛的火鸡后,孩子们早忘了被烤火鸡诱惑的感觉了。妈妈则责怪麦克尔:"看你做的蠢事,把孩子们弄得神经兮兮的。你为什么不直接把火鸡送到烤肉店?现在快把它抱出去,杀死后拔了毛再拿回来。"

"那你还不如先把我们杀死!"科维站在火鸡前,挡住妈妈伸过来的手。然后乔思抓住火鸡脖子上的绳子,带火鸡跑到客厅。"别把那只脏火鸡带到我干净的房间。"妈妈跟在后面大叫。

孩子们又带着这只充满野性的"鸟"逃到了后院,并给它起了个英勇的雄性名字——弗兰克。

弗兰克似乎并不是只友善的鸡,它不停地小跑几步追上一个孩子,用它坚硬的嘴啄孩子的后脚跟。

"它还需要一座房子。"塔努说。于是,孩子们找来一些旧纸盒,放些报纸当它的窝。当妈妈叫他们去喝茶时,弗兰克已在寻找它的新家了。

"哎呀,隔壁的狗!"塔努趴在窗口叫道,"它从篱笆上越过来,要把弗兰克撕成碎片。"

事实上,当孩子们蜂拥出去解救这只可怜的鸡时,他们再次惊呆了。不是弗兰克,而是那只狗鲜血淋淋。弗兰克只是羽毛全都竖了起来,嘴角还有一抹血迹。

由于它的勇敢,那晚它被允许住在厨房里。第二天早晨,它看上去肥肥的,原来它把面包箱内的面包全吃光了。"这可是你最后的早餐了。"怒气冲冲的妈妈宣布了弗兰克的死刑。

他们向爸爸求救。爸爸说:"把它牵到一边,别挡着道。等你妈妈冷静下来,就会没事了。"

"把它牵到哪儿?"孩子们急得大叫。在这个小小的两室一厅的房子里,压根儿没有闲着的位置。"那……带它去散步。"麦克尔大手一挥,说道。

孩子们回家时,妈妈的情绪还没有冷静下来。他们决定先把弗兰克藏在客厅的角落里。客厅是妈妈摆放照片、瓷器和银器的地方,这是一个有特殊意义的地方,所有的东西都一尘不染。本来一切都顺顺利利,偏偏这时妈妈进客厅拿熨斗,一进客厅就发出一声愤怒的尖叫:"这只脏'鸟'竟然站在我的缎子桌布上拉屎。我现在就要杀死它。"

弗兰克知道自己犯了错,躲到了沙发后面。科维冲到妈妈身

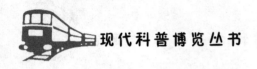
后,捉住了火鸡。然后孩子们一溜烟跑进卧室,关上门。看来,弗兰克必须用它的优点证明它活下来的价值,否则妈妈不会放过它的。可孩子们找不到它的优点,只好搬出了字典。字典里说火鸡是一种英勇的鸟,科维解释说:"就像英雄——比英雄更伟大一点。"如果弗兰克做点什么英勇的事就好了。

妈妈进了房间,坐到床上搂着孩子们说:"孩子们,你们必须理解,火鸡不是可以豢养的家禽,它是用来吃的。即使今天不杀,但是我也不会把它养在房子里的。"

晚上,弗兰克被赶到了前院,躺在床上的孩子们似乎能听到它冻得打嗝的声音。"它在外面很冷。"乔恩担心道,"它还失去了一些羽毛。"半夜里,孩子们爬起来,轻手轻脚地来到院子里,科维解下他的围巾系在弗兰克的脖子上,丽塔把她的童帽戴在弗兰克的头上,塔努将他的睡袍披在了弗兰克身上。弗兰克渐渐安静了下来。

黎明时分,他们又被弗兰克咯咯的叫声惊醒。他们全都到院子里,撞到的却是邻居瓦特的孩子。他经常偷偷摸摸,这时,他想逃跑,但已经来不及了,弗兰克的铁嘴紧紧咬住了他的裤腿。原来他并不是想偷火鸡,而是想进屋偷麦克尔珍贵的银器。而这只火鸡从强盗手中夺回了珍宝。

"弗兰克是个英雄!"孩子们在院子里高呼。从那以后,妈妈不再坚持杀弗兰克了。不久父亲把弗兰克送到了乡下的农场里,弗兰克在那里过上了好日子。

无 人 区 的 悲 壮

野生动物是大自然创造的生灵,为了自己的生存繁衍发展也在不停地奔波。它们是数百万年自然造化的结果。它们是人类的朋友,也是人类的精神家园。

2001年7月26日早晨,可可西里自然保护区沱沱河保护站站长扎尕带着三名志愿者驱车巡山。

汽车行驶到一段正修建的青藏铁路时,突然听到羊的叫声。扎尕把车熄火仔细听,然后大叫起来:"是藏原羚的叫声!"他们循声寻找,终于在铁路边一个炼沥青的大坑里,发现了那只小藏原羚。它的两条大腿陷进冒着热气的沥青里,双眼可怜巴巴地看着坑上的人们。扎尕跳下坑里,用刀把藏原羚双腿周围的沥青弄开,连同沥青和小藏原羚抱到怀里。这个小家伙似乎知道自己获救了,"咩……咩……"地叫起来,然后把小脑袋往扎尕的怀里钻,舌头一下一下地在扎尕的脸上舔着。

扎尕跳上坑来,用刀片小心地把小家伙双腿上的沥青刮下来。这只小藏原羚的双腿被沥青烫伤了,小腿被烫成红红的一片,腿节处留下一圈水泡,手一接触,它的腿就颤抖不停。听到它痛苦的哀号,大家都心疼地流下泪水。

大家给小藏原羚起名叫信原,就是相信这个高原,相信这个高原上的人从今以后会好好保护它。

沱沱河保护站的办公地点是一排简陋的帆布帐篷,扎尕把受伤的信原放进帐篷里,然后又去巡山了,把照顾小羊羔的任务交给了几个志愿者。

第三天,扎尕开车赶回沱沱河保护站,他一进屋就直奔信原而去。谁知此时信原饿得快不行了。几名志愿者告诉扎尕,他们无论给它任何东西,它都不吃。扎尕一拍脑袋说:"哦,我差点忘了,藏原羚只吃生羊奶或牛奶。我马上到藏民居住点去取。"说完,他起身向外走去。最近的藏民居住点距离这里也有20公里的路程,这段路不能行车,只能步行。他是早晨9点多钟走的,直到下午2点多钟才背着奶回到沱沱河保护站。这时信原连伤带饿已奄奄一息。它紧闭着双眼,脑袋无力地垂在自己的怀里,在土炕

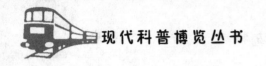

上一动不动地趴着。扎尕趴在它的耳边焦急地呼唤着,它没有醒来;扎尕又轻轻地学"咩咩"的声音,信原还是没醒来。情况紧急,这里的每一个人都把心提到了嗓子眼上。

无奈之下,扎尕自己喝了一口奶含在嘴里,然后脸靠近信原的小脸,伸出舌头轻轻地舐它的鼻子、嘴唇,一下、二下……

不知过了多长时间,信原的眼睛慢慢睁开了。也许从扎尕身上闻出了带着可可西里特有泥土气息的奶味,信原的小嘴张开了,舌头舐着扎尕的嘴唇,贪婪地吸食起来。奶水从扎尕嘴里一点点进入信原的嘴里,一口、两口……小信原原本暗淡的眼神变得明朗起来。终于,它吃饱喝足了,用小舌头舐舐扎尕浓密的胡子,然后细细地舐起自己腿上的伤口,舐得非常专注。

扎尕脸上露出笑容,对志愿者们说:"小信原有救了!它能吃奶,营养就会源源不断地进入身体;它的舌头是伤口最好的灵丹妙药,经常舐舐伤口就会慢慢愈合。"

就这样,小信原每天都喝上一大壶可可西里的生奶。因为这里每天的气温变化无常,中午可以达到零上30多摄氏度,早晚却在零摄氏度以下,生奶不好保存,扎尕于是每天都步行20多公里路去取奶。一个月以后,小信原的伤口基本愈合了。扎尕又把青稞嚼碎,一口一口地喂它,信原逐渐强壮起来。

2002年5月,信原来到这里已经10个月了,现在的它已长成了一个"小伙子"了。一天,信原突然变得烦躁起来,而且见谁顶谁。扎尕看了一下它的生殖器后,对众人说:"信原成年了,野生藏原羚种群才是它的最终归宿。"

5月20日早晨,扎尕带着信原驱车去寻找藏原羚种群,他走了两天时间,终于在一个叫错仁德加湖的地方看到了10多只藏原羚在湖边吃草。他把信原放出车门,驱赶它加入到自己的同类之中。信原的耳朵动了几下,双眼注视着前方,然后向自己的同类奔去。扎尕等人看着信原矫健的身影,想到近一年来与信原结下的深厚情谊,眼泪夺眶而出。

车开出去几百米后，扎尕忍不住回头看了一下，没想到信原正跟着车往回飞奔。扎尕加大油门，心想车快开一段时间，信原追不上了就会放弃。车奔出去有10公里了，扎尕再用望远镜回头一看，信原还在追着他们的越野车。扎尕无奈，只好把车停下来，与众人一道站在车下等待。不大一会儿，信原就大喘着气跑到了他们面前，一头扑进扎尕的怀里。

扎尕让信原上车，然后又驱车来到那群藏原羚吃草的地方，强行把它推下车后开车就跑，走了大概有10多公里才停下来。扎尕用望远镜回头看，信原又追回来了。扎尕看着奔跑的信原越来越吃力，再也不忍心了，于是等信原跑近后，把它又抱上车，然后重新回到了沱沱河保护站。

也许是这天追赶扎尕的车太过疲累，受了风寒，信原一回到保护站就病了。它一动不动地趴在保护站的帐篷前，连续两天不吃不喝，眼睛半闭着不住地流泪。扎尕一摸信原的额头，热得烫手。他赶紧外出采来草药，为信原退烧，但收效甚微。扎尕只好将它送到几十公里外的唐古拉山乡医疗站。令人意外的是，尽管兽医用尽了各种办法，但信原的病情还是一天天地恶化。它的眼神也一点一点变得暗淡无光了。

5月26日凌晨2点钟，信原在众人的泪水中永远地闭上了眼睛。扎尕伤心地对众人说："信原一定是以为我们不要它了，所以难过……"

信原的遗体被安葬在它生前经常玩耍的山坡上。

信原的生命虽然短暂，但与同类相比，它得到了它的同类最渴望得到的，那就是人类真诚的爱。为了信原，为了所有的野生动物，为了人类，我们呼吁：爱护生命，爱护动物吧！因为生命是平等的，野生动物和人类在地球上应该享受平等的待遇。

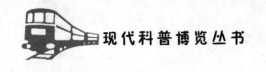

急　救

　　过去的我并不知道对动物的爱意味着什么，它们好像离我的生活很远，直到有一天它们来到了我的生活，用它们天真无邪的眼睛深深地打动着我，从此我的生活中充满了爱……让我们共同为它们建造一个美好的乐园！

　　2001年2月27日下午5时，在四川省蜂桶寨华西煤矿工作的杨瑞光、许德奎下班回家时，突然听到茂密的山林中传来一种怪怪的声音。两人停住了脚步，仔细听了听后，许德奎猜测说："该不会是大熊猫吧？我曾经听到过大熊猫的叫声也是这样的。"

　　于是，两人顺着声音进入了山林，开始搜索起来。20分钟后，杨瑞光惊叫道："你看，真的是一只大熊猫呀！"许德奎抬头望去，10多米远的地方，一只大熊猫正紧紧地靠在岩石边，一动不动。

　　这时，杨瑞光按捺不住内心的激动，对许德奎说："我活了20多年，这么近距离看野生的大熊猫还是第一次，它真漂亮，好温顺哟……"然而，大熊猫听到声音后警觉地望了望他们两人，并拖着左后腿，艰难地向前移动着！

　　看到这只大熊猫受伤了，许德奎便拉着杨瑞光小心翼翼地走了过去。大熊猫见有人靠近它，嘴里发出很凄凉的声音，拼命地向前移动着身躯，但很快无力地躺在地上！两人这才发现大熊猫的左后腿已经骨折，伤口早已感染化脓了，而且它的耳朵部位也有多处伤口！

　　杨瑞光不由得用手抚摸着大熊猫那条受伤的腿，心疼地说："它伤得不轻，看起来真可怜……"这时，受伤的大熊猫猛地回过头来叫了几声，杨瑞光像触了电似的急忙将手缩回来。许德奎道："不要动它，可能它受到过什么动物的攻击，现在有戒备心，警惕性很高!"

　　果真大熊猫挣扎着身子又开始向前移动,但不到几米便无助地躺在地上了。在这荒山野岭,这只丧失了行动能力的大熊猫肯定活不了多久!两人商量过后,决定将这只可怜的大熊猫送往大水沟保护站。于是两人将自己的工作服脱下,趁大熊猫不备,迅速将衣服罩在大熊猫身上,干净利落的将它翻过身来,然后将两只衣袖互相交叉打了个结。当两人用一根结实的木棒将大熊猫抬起时,感觉它大约有30公斤。两人抬着这只受伤的大熊猫,径直向山下大水沟保护站走去。

　　天很快黑下来了,两人沿着崎岖的山路摸索着。半个小时后,又突然下起了小雨!为了不让雨淋着大熊猫,两人拿出一个下班准备买菜的塑料袋,将大熊猫的伤口作了简单的包扎后,又继续前行。然而,道路却越来越难走了,杨瑞光的脚底被树刺刺中,但他却努力保持自己身子的平衡,一瘸一拐地继续前行……

　　2个小时后,两人步行10多公里,终于来到大水沟保护站门前,保护站的管理人员立即热情地接待了他们。杨学成站长听了两人的介绍后,非常感动。这时,保护站医务人员发现杨瑞光的左脚早已红肿,并从他的脚底取出了很多根断在里面的树刺!

　　当晚10点30分,大水沟保护站的医务人员对受伤大熊猫进行了详细检查,发现这是一只1岁多、体重30公斤的雄性大熊猫,它的左腿、耳部以及背部都有被野兽抓伤的痕迹。它的左后腿可能是从悬崖上摔下来时折断的,其伤口已感染化脓,如果不及时治疗随时都能危及生命。

　　于是,医务人员用消毒药水认真清洗了大熊猫的创伤,打了消炎针,然后用电吹风将它全身吹干。由于发现大熊猫的伤势较重,医护人员随后决定将它送往县城进行救治。这时,已是夜里11点多了。

　　当护送车抵达县医院门口时,医院院长早已领着几名医务人员在门口等候多时了。车刚一停稳,医务人员迅速将受伤大熊猫送进了急诊室,作进一步检查。虽然这只大熊猫还没有出现败血症状,但它的体温伴有明显的高烧,肌肉不时地痉挛、颤动,医务人员立即采取紧急措施控制它的体温,以避免因高烧而导致体质虚弱出现的并发症。为大熊猫做了应急处理后,由于大熊猫伤势严重,而县医院的医疗条件有限,大家决定连夜将它送到四川农业大学的兽医学院去救治。此刻,时针已指向凌晨1点多了。

越野车如离弦之箭,仅仅用了50分钟,就跑完了150公里的路程,安全地到达了四川农业大学。四川农业大学兽医学院的三名兽医学教授在睡梦中被叫醒后,对受伤大熊猫立即进行全面诊断,用X光、B超、脑心电图等专业仪器,给大熊猫进行的检查,他们一致认为:要保住大熊猫的生命必须进行截肢。当即就由七人组成了一个医疗小组,认真研究了大熊猫的截肢手术方案。经过几位专家认真商量,他们决定采用麻醉截肢方案。

凌晨5点10分手术开始了,被麻醉的大熊猫静静地躺在手术台上,医用电锯伸向了那条被感染化脓的左腿,几位教授认真察看着大熊猫的血压、心电图等,各种数据一切正常。主刀专家熟练地在大熊猫左腿2/3处切割,紧接着兽医学专家急忙对大熊猫的腿部进行了止血处理,然后,将伤口小心翼翼地缝合起来。整个截肢手术一气呵成,只花了40分钟左右。大熊猫做完截肢手术后被送到监护室,进行一周的治疗。

2001年3月6日上午9点,"专家小组"对截肢的大熊猫的手术情况进行详细检查后,正式宣布:手术圆满成功,截肢大熊猫度过了生命的危险期。

10多天过后,大熊猫康复出院了。它因截肢完全丧失了在野外的生存能力,大水沟保护站决定对它进行人工饲养,培养它的生存自理能力。为了纪念这次手术的成功,人们为它取了一个十分美好的名字——"戴丽"。

"关关雎鸠"

　　每到鸟类的繁殖季节,鸟儿们由于受到气温等影响和自身激素的作用,就出现了一个寻偶问题。它们在找如意伴侣过程中,鸟儿们有各种生命表现,有些现象,在不了解科学道理的人看来,仿佛它们费尽心机,有意各使各的招数似的,如雄鸟常利用某种动作或"舞蹈"向雌鸟求爱献殷勤等。

　　在繁殖季节里,雄鸟们的羽毛大都色彩鲜艳,真有争奇斗艳之势,个个都修饰得十分英俊漂亮。孔雀那又长又华丽的尾羽,像扇子一样展开,招引雌鸟"嫁到"它的巢中。

　　各种雉类禽鸟,也都身着美丽的羽毛,在雌雉面前大摇大摆地走来走去,仿佛炫耀自己寻找佳人;雄性的梅花雀,在繁殖的季节里,胸部则长出美丽的羽毛来,好像是为做新郎赶制的新衣裳。

　　大洋洲的极乐鸟,身长不过十几厘米,而头上却长着两根40多厘米的羽毛,寻偶时除被覆上漂亮的羽衣外,还常常有新奇的体姿。还有的类似杂技本领,其身子倒挂在树枝上,一展漂亮的羽毛。

　　几内亚的园丁鸟,有的羽毛不鲜艳,求偶也有自己的妙主意,它筑造美丽的窝,招引上门的雌鸟。

　　鸟类都有羽毛覆盖全身,翼羽和尾羽最长,鸟类靠羽毛保护身体,并减小身体的比重,有利飞翔。但雌鸟和雄鸟的羽毛一般都有较大差别,在色彩和形状上,绝大多数雄鸟雄伟美丽,而雌鸟则矮小灰暗。公鸡和母鸡相比,公鸡身躯较高大,红彤彤的鸡冠、金黄色的颈羽和鲜艳夺目的尾羽,像五彩缤纷的绫罗缎带;而母鸡则羽毛灰暗,个体矮小,尾羽较硬而无光泽。雄孔雀更引人注目,逗人喜爱,它戴蓝色羽冠,通身闪烁着翠蓝色、紫铜色光泽,长长的尾覆羽镶嵌着金光闪闪的眼状斑,绮丽无比;而雌孔雀矮小灰暗,相形见绌。鹦鹉雄鸟除了羽毛比雌的华丽美观以外,还有一个漂亮的、强健而弯曲的鲜红的嘴巴,而雌鸟则为黑色。

有少数鸟类,雌雄相差不大,如鸽子、斑鸠、乌鸦、鸭子、相思鸟等羽毛色彩相差无几,个体大小也差不多,有的甚至雌雄难以区别,也有一些鸟类雌雄平时羽毛无大差别,但一到繁殖季节,雄鸟长出鲜艳的羽毛,进行"打扮",吸引雌鸟,这叫"婚装"如凫鸭和鹬类。

为何鸟类的雌雄有如此大的差异,而雄鸟一般总比雌鸟美呢?我们分析这种现象时,得从鸟类的婚配及其繁殖环境关系去认识。鸟类多为"一夫多妻"制,这就需要雄鸟有明显的外貌来招引更多的配偶,漂亮鲜艳的羽毛比较明显,容易起到这个作用。然而一旦完成了交配,雄鸟即飞离巢穴而去,由于多彩的外衣招惹敌害侵犯的可能性也就比较小。"一夫多妻"制的鸟类,其营巢、孵化、育雏等,大多也由雌鸟担任,雄鸟仅起助手作用。即使是"钟情"于伴侣的雄犀鸟,在雌鸟孵化期间,它到处觅食,殷勤地饲喂,但也从不直接坐窝。有的雌鸟在孵化期饿其体肤,不吃食物,以繁殖前体内贮存的脂肪为能量。雌鸟由于长期在窝内孵化,灰暗的体色恰好适合于巢和四周环境的颜色,不易被敌害发现,这有利于保护自己和幼鸟,从而有利于种族繁衍。雄鸟鲜艳多姿的羽毛,也正好与花果累累的取食环境相适应,而夫妻共同孵化的相思鸟交替坐窝,因此羽毛色彩就差异很小。刚孵出的幼鸟不论雌雄,它们的毛色都像母体,雄幼鸟只有独立生活之后慢慢长大才呈现它父体的模样。这些现象都说明鸟类的羽毛色彩与求偶、繁殖、孵卵、育雏直接相关,它是长期与环境相适应的结果。

井然有序的昆虫社会

社会昆虫中,蜜蜂和蚂蚁是人们最为熟悉的。它们的社会分工也最为典型。它们有严格的分工,犹如一个强大的帝国。在蜜蜂和蚂蚁的帝国中,其成员各司其职,各尽其责,构成了井然有序的昆虫社会生活。

蜂群中主要有三种分工。蜂王、雄蜂和工蜂。一群蜂中,只有一只蜂王,它是此群中唯一性成熟的雌蜂。它的任务是产卵延续蜂群种族。雄蜂在蜂群中数量不多,一般是几十只,也有达几百只的。雄蜂是由未受精卵发育而成的,其职责是与蜂王交配,使蜂王得以产下延续种族的受精卵。雄蜂自己不能采食,靠工蜂喂养。雄蜂寿命一般仅三个月。工蜂是蜂群中数量最多的、最为辛勤的成员。一群蜂中,工蜂多达几万只,有时可达10万只或更多。工蜂是性器官发育不成熟的雌性蜂。工蜂的寿命一般为几个月,很少有活到一年以上的。

工蜂在它短短的一生中,从不间断地工作着。有人统计后说:在出世第三或第四天,幼工蜂便开始承担起极重要的喂养幼虫的工作,它对每一只经过六天发育的幼虫要去看顾约7850次。工蜂对自交尾后从不离开蜂巢的蜂王极其关怀,"侍从蜂"替蜂王清洁身体,梳理它身上的毛,运走它的排泄物,还用王浆喂养它。

工蜂向各处飞行,寻觅蜜源、花粉和水源。它们采集花粉,吸吮花蜜;它们酿造蜂蜜,贮藏蜂粮。工蜂也是营造奇异巢房的能手。一旦遇到敌害侵袭的时候,工蜂们又群起抵抗,保卫自己的家园。

据报道,工蜂的分工也是极为精细的。有人发现,每100只蜜蜂中有1~2只专职殡葬工作的工蜂。若蜂房内出现死蜂后,不出一小时,殡葬蜂就将死蜂拖走,搬到离蜂房600米以外的地方。

在蚂蚁的王国里,蚁后是最高统治者。它们除了有雄蚁和工蚁的分工外,还有专司打仗保卫家园或入侵他乡的兵蚁。

在蜜蜂大家庭里,雄蜂是最无能的。它的唯一职能就是和"蜂后"进行交配,繁衍后代。因为雄蜂总是游手好闲,不爱劳动,也不会采蜜。所以,常常被它们的同胞姐妹赶来赶去,甚至赶出巢外,孤苦伶仃,过着流浪的生活。不是交配季节,"蜂后"根本就不理睬它,它也见不着"蜂后",若是胆敢接近"蜂后",就会被同胞姐妹们推拉到一边,直至撵出巢外。即使"蜂后"有了召唤,需要交配时,也只能轮上几个体魄最健壮、飞翔力最强的"棒小伙子"(蜜蜂交配是在高空进行),其余的将流浪一生,直至死亡。就是这几个幸运的身强力壮者,和"蜂后"交配之后,也会立即以身殉情,坠落地上,了结一生。可见,在蜜蜂社会里,雄蜂是十分受气的。

然而,"蜂后"虽然也从不劳动,是个好逸恶劳者,但它却以"太后"自居,十分风光。不可思议的是群蜂们居然心甘情愿地俯首称臣。"蜂后"产卵时,无论走到哪里,总有不少工蜂在一旁陪伴和服侍,工蜂会把"蜂后"将要产卵的蜂房打扫得干干净净。"蜂后"休息时,工蜂们便一口一口地轮流喂给它最有营养的食物。"蜂后"。在巢内活动时,其他蜂全都自动闪在一旁,赶快给它让路。只要它在蜂巢里,群蜂们的生活和工作总是井然有序,主动自觉。一旦它不在蜂巢,群蜂会不知所措,乱成一团,甚至互相打斗。这一切似乎显示,在蜜蜂社会里有一条不成文的"女尊男卑"的"宪法"。为此,动物学家称蜜蜂是"怕老婆"的动物。

亲情相残

在动物世界里,至少有138种动物经常发生亲情残杀、互相吞食的现象。这种亲情残杀却是必需的,对繁衍强壮的后代以及控制群体数量大有益处。

以螳螂为例,公螳螂向母螳螂求欢是要以性命为代价的。交媾前,公螳螂万般小心地偷偷从后边向母螳螂靠近,爬爬停停,花了近一个钟头才到母螳螂身边,鼓足勇气突然按倒母螳螂的身子与之交配。正当公螳螂心醉神摇之时,母螳螂闪电般回过头来一口将公螳螂的脑袋咬下吞进肚里。

母螳螂为何要杀害正在与之交配的公螳螂呢?这个问题一直令人迷惑不解。直到最近,动物行为学家才解开了这个谜:母螳螂此举的目的是刺激公螳螂射精,并确保精液持续注入其体内。原来,公螳螂神经系统的抑制中心在头部,一旦它丢掉了脑袋,抑制机能也随之失去,精液就会流入母螳螂体内,确保卵子受精。母螳螂一边交配一边从公螳螂头部向尾部吃去,一直吃到腹部为止。这时,母螳螂不仅吃饱了,而且体内卵子也充分受精,可以将获得丰富营养的卵子产下。

其他一些昆虫,诸如蟋蟀、蚱蜢、蚊狮、地甲虫等也有类似的现象,不过没有母螳螂那样性急,而是等到交配完毕之后才将配偶吃掉。

当然,哺乳动物中也有为了求欢而发生的死亡事件,那就是鲸。

鲸类是现在世界上最大的动物。蓝鲸也叫剃刀鲸,最大的体长33米,体重150～160吨,相当于30多头非洲象、150多头牛的

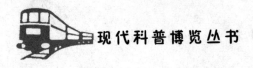
重量。仅一条舌头就有2吨重,心脏重600~700千克。一般地,蓝鲸的寿命有100岁。但是,蓝鲸及其他种类的鲸类,例如虎鲸、座头鲸与露脊鲸,都活不到它们应有的寿命而英年早逝甚至在幼年就夭折了。它们并非病死,而是自己将自己送向坟墓!

二百多年前,一批批抹香鲸纷纷被困在法国的奥栋港。当时狂风大作,海水正好涨潮,一头头抹香鲸在沙滩上兜圈子,发生阵阵哀鸣,却没有一条抹香鲸可以游出沙滩……20世纪70年代初,在新西兰的海岸离吉斯伯思港3英里的奥基塔浴场,风暴过后的两个小时之内,59头抹香鲸的尸体在海滩上延伸了好几百米,其中,46头是雌性,13头是雄性,雄鲸中没有一头是成年的,而在雌鲸中,36头是达到性成熟的,10头是未达到性成熟的。发生时间接近的两起类似事件都发生在美国。佛罗里达州及尔斯堡附近的沙滩上有150头伪虎鲸"拒绝"了海岸警卫队的营救,全部死亡;9头伪虎鲸死于离洛杉矶不远的圣克莱门特荒岛的海岸上。

是什么原因使这些体型庞大的鲸一次次死于海岸呢?鲸虽然是哺乳动物,胎生,用肺呼吸,但它毕竟不是人,没有思维与主观意识,不可能"自杀"。而且,鲸类集体登陆死亡的事在古代就有过记载,不是偶然的、个别的。难道鲸类有遗传的精神抑郁症吗?以死求得解脱?显然,如此行为虽然真令人匪夷所思,但它背后必定有着某种客观原因。

近代,科学家终于从鲸的生理特点上找到了原因,鲸类有一种回声定位系统,也叫声呐。人也可以根据耳膜接收的各种回声来判断四周的各种状况,俗语称"耳听八方"。而人的这种本领与鲸类相比真是小巫见大巫!鲸类的视力极差,但它可以凭借声呐,向四周的目标与各种障碍物发出不同的声波,再通过分析这些声波在不同的物体上产生的回声来判断目标的位置。由于有了这种回声定位系统,无论是白天还是黑夜,无论是清澈的水面还是漆黑的水底,它们都可以来去自如,行如流梭,既碰不到暗礁,也碰不到船只与同伴。被蒙住眼睛的海豚凭借这套系统能够巧妙地在迷宫里的两根铁管之间游过。

"成也萧何,败也萧何!"鲸类的这种生理特点恰恰造成了悲剧的一次又一次地发生。回声在低洼的海岸、水下的沙质浅滩、海滨浴场,砾岩或含淤泥的积土地段与远离海洋的凸出的海角就受到了障碍,不能准确地返回到鲸类身上,同时,海上的飓风与暴雨致使岸边浅水中成片的气泡、砂子和淤泥从海底浮起来,形成阻挠层干扰了声波的返回。这样,在浅水中的鲸就无法辨明方向,找不到道路,被困在海边。

当个别的鲸落入浅滩后,就向同伴呼救,其他的鲸为了保护同类就急匆匆地赶去救援。但它们一旦进入浅滩,就陷入了"死亡之谷",再也出不来了。于是,一群群的鲸抛尸海岸,形成了集体自杀的假象。

当然,这个死亡之谜的谜底不是唯一的,另有一种答案说鲸的回声定位系统出了故障是由于其耳朵中的大量寄生虫破坏了中耳与平衡器官。这是由两位美国科学家提出的新解释。也许有更多的答案,谁知道呢!可以肯定的一点是,随着动物行为学研究的深入发展,必然有更多的新发现。

动物求爱也动人

动物会选择最适合自己的配偶,如果没有合适的对象,不会随便选择。这样可以保证它们的后代得到最优秀的遗传因子。许多动物在求爱时除了提供视觉和听觉上的刺激外,还会利用特殊的气味和身体的接触以找寻配偶。

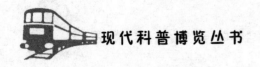

野兔利用气味来寻找配偶。当繁殖季节来临,雌兔会发出特殊的气味,雄兔对这种气味尤其敏感,它们会随着这种气味找到雌兔结成伴侣。

一些动物终身只有一个配偶。如漂亮的非洲鹦鹉,被称为"多情鹦鹉",因为它们在一起的时候总是彼此清理对方的羽毛、摩擦鸟嘴,当其中一只死去,另一只也不会再寻找新的伴侣。

居住在深海的安康鱼,成年雌鱼要比雄鱼大15倍。雄鱼有尖锐的牙齿。当繁殖的季节来临,雄鱼会用牙咬进雌鱼的皮肤,并留在那里,嘴上的血管会和雌鱼连在一起,成为雌鱼身上一附属品。完全依靠雌鱼血液里的营养为生。

雄性的鹰用尖锐的鸣叫声寻找伴侣。如果雌鹰回应,它们就会用爪子相互钩住对方,像车轮一样不断在天空翻转飞舞。

一些动物,像,雄性的洛基山羊,在它的上颚有敏感的味觉器官,能够感觉到附近的雌羊。雄羊掀起上唇,露出牙齿寻找空气中的气味。这样它就能知道附近是否有雌羊能够做它的伴侣。

这些黑尾草原土拨鼠正在"亲吻"以示爱意。在草原土拨鼠的世界里,通常由一只雄鼠和大约四只雌鼠组成一个家庭。

雄性的球蝇织出柔软的丝质空心球以吸引配偶——即使它没有足够的食物。

有一些动物,雄性如果能给予雌性礼物,那么它可能会有更好的交配机会。大多数用来追求异性的礼物是食物。有些雄性会利用礼物分散雌性的注意力,以取得交配的机会。食物不仅能够为雌性产卵提供足够的营养,还能够证明这只雄性是一名合格的猎手。

许多鸟喜欢共同养育它们的后代,这是非常重要的,作为雌性当然会选择有潜力的配偶,因为它能为它们的后代提供更多的食物,证明它们是合格的父亲。雄鸥会捕鱼叼在嘴里直到雌鸥接受它。在雌鸥作出决定前会等着它带来更多的鱼,在繁殖期前,多捕的鱼会使雌鸥储备更多的脂肪,以便它能生更多更大的蛋。

大袋鼠生活在澳大利亚,为了获得雌性的青睐,雄袋鼠会彼此间进行战斗。为了争取到一只或数只雌袋鼠,雄袋鼠努力战斗,它们先是举起坚硬的前腿互相攻击对方的脸,由于双方互不相让,或势均力敌,前腿往往一起被缠住。然后,它们开始互相踢后腿,胜利者成为一群袋鼠的领袖。

许多雄性为了得到雌性,彼此进行战斗,在一些动物中,只有一个雄性会成为最后的胜利者,所以,战斗有时是非常激烈的,有可能造成致命伤害。另一些动物仅仅用声音和恐吓来赶跑竞争者,而不进行真正的战斗。

例如:科摩多巨蜥生活在印度尼西亚附近的一些岛屿上,成年科摩多巨蜥身长超过3米,它们是地球上现存的最大蜥蜴。当交配季节开始时,雄科摩多巨蜥通过战斗来争夺自己的领土。

择 偶 中 的 雌 性 动 物

雌性需要什么呢?雄性非常卖力地进行的许多荒诞和看上去毫不相关的求爱固定习惯及表演,在让雌性将自身投入这场情爱前判断其可能配偶的结实程度或者健康状况当中,起着相当关键的作用。生物学家们好几年来一直在怀疑,雄性当中的某些华丽的特性,如孔雀色彩鲜艳明亮的尾巴和雨蛙在月下欢快的奏鸣,其进化的理由不过是为了让雄性去讨好雌性,赢得其青睐。

现在,雌性动物这一次终于找到自己在生物进化舞台上的位置了。

许多物种的雌性会仔细观察寄生虫或者疾病的警告性迹象。因而,雄性经常会炫示自己皮肤的色泽或者羽毛的花样展示自己的健康,而这些非同一般的特质是因为雌性一代接一代地加以选择的结果。有些雌性的鸟类和青蛙会要求其追求者进行一些表演,使其心血管到达极限,以检查雄性基因的牢靠程度。

在另外一些物种当中,特别是在昆虫中,雌性会拒绝雄性的性交邀请,除非他给她送一份结婚彩礼,即一套富于营养、上面涂有防卫性化学物质的蛋白质及营养品,她可以用来保护自己和产下的卵。

雌性长期选择的结果,不仅影响到了其配偶的特征,而且影响到自身的变化。

雌性研究虽然是最近才激活的一个领域,可是,它是在其现代进化论创始人开始研究的时候就已经存在的一个研究领域。查尔斯·达尔文1872年提出,雌性动物可以通过交配决定而对其物种的进化施加压力。可是,生物学家们长期忽略了这个研究领域。因为他们主要都是男性,他们对雄性动物的行为,特别是雄性动物在其年度发情狂暴中激烈的争斗有极大的兴趣。

雌性选择的研究在20世纪70年代中期又恢复其重要地位,当时,生物学家们从集体行为研究中退了出来,转而集中精力于物种个体行为及繁殖战略的研究。动物学家们抽出达尔文主义的精髓,认为雌性在繁殖当中担当着比雄性更大的利害责任。这种风险在雌性哺乳动物中尤其高些,因为她们要在生育以后哺养并照顾幼子,可是,哪怕是在只花很少时间照顾后代的昆虫和鱼类当中,其生产营养物、脂肪和卵中蛋白质所需的能量也比产生精子所需要的能量大得多。如俗话所说,卵子贵些,精子便宜些。由于雌性在繁殖当中投入更多些,因而寻找最佳配偶的冲动比雄性要大些。希望将其基因遗传物质往下传至下一代的雄性,要么就得恳请雌性的帮助,要么就面临基因的死亡结局。

有些雌性会从其雄性配偶那里寻找物质帮助,以养育并保护其幼崽,最为直接的、对雌性淫荡之处的精细研究工作也许就在这些雌性当中进行。比如,在一种甲虫类的求爱仪式当中,雄性甲虫会很奇怪地在可能的配偶面前展示自己前额上很深的一条裂缝。这条裂缝的意思长期以来迷惑不清,可是,科学家们现在知道,它包含着一种诱惑性的样品在里面,一小剂化学斑蝥素,一般称作欧芜菁。雄性甲虫是通过吃斑蝥的卵来获取斑蝥素的,然后在示爱期间向雌性展示其产品。她会抓住他的头,立即从这个裂缝中舔干净这种化学品的奉献。她受到这种奉献的明显影响,允许他进行交配,这样就可以得到真正的美餐。交配当中,雄性会把更大量的斑蝥素转移给雌性,她可以把这种斑蝥素合并入自己的卵中,以防止蚂蚁和其他捕食者吃掉。

在示爱中展示自己的裂缝的时候,雄性基本上只是给雌性斑蝥素,对这类甲虫交配的极端重要性可加以证明,实验室里养大的甲虫没有办法搞到这种化学物质,因而情绪低落,根本无意追逐雌性甲虫。最受挫折的甲虫会愤怒地靠强奸来解决问题,可是,雌性甲虫会非常熟练地抖掉背上的强奸者。

一种雌性也许会在雄性外貌的基础上进行选择,只是这种要求没有对彩礼的要求那么明显。在一系列很好玩的实验当中,瑞士伯恩大学的科学家在小型棘鱼中检查了雄性的色彩在雌性选择当中的作用。研究者知道,产卵季节到来时,雄性棘鱼会变得鲜红,改变颜色的过程当中,它会在一条雌鱼面前展现自己,来回地游动着,进行它自己的求爱舞蹈。生物学家还知道,被寄生虫侵蚀过的雄鱼会变成暗淡的红色,抖掉病虫害之后,其外色仍然是惨淡的。问题在于:雌鱼会选择炫耀鲜红色彩,因而证明当前和以前都很健康的鱼吗?为了解决这个问题,他们检测了雌鱼对一大群颜色鲜红的雄鱼和颜色较暗、因而以前受到过寄生虫侵袭的雄鱼的接受性。他们先在自然白光下进行,这样,雌鱼将看见红颜色的亮度,然后在绿灯下进行,这样就掩盖住了相对亮度。

科学家们发现,当雌鱼可以辨别红鱼和其他颜色稍暗的同类时,它们几乎无一例外地选择了红色亮度更大的雄鱼,尽管两组示爱者都带着同样程度的热忱绕着雌鱼进行了拐弯抹角的示爱舞蹈。可是,在绿灯下,雌鱼随意地选择了两种色泽的雄鱼。

　　跟鱼类一样,鸟类也极易受到寄生虫的大举侵袭,当寄生虫在鸟巢中安顿下来时,这种危险就更大了,因为鸟巢里有热度,还盖住了无数鸟类血吸虫。因此,毫不奇怪,雌鸟也对寄生虫相当在意。通过对家鸡的野生近亲红色原鸡的实验,生物学家们分辨出了一些引起母鸡扑向公鸡的特别装饰:鸡冠及垂肉。母鸡对公鸡的鸡冠和垂肉相当注意,而别的特征倒可能忽略,如大小、重量、它支撑自己的时候表现出来的进攻性,以及其羽毛的状况。公鸡的鸡冠越长,垂肉越亮,母鸡从一群公鸡中选择它的可能性就越大。她的推理是毫无挑剔之处的。因为鸡冠和垂肉是公鸡身上最具肉质的部分,它会最早显示出寄生虫和疾病的症候。打个不怎么恰当的比喻,它们是煤矿里的金丝雀。另外,鸡冠和垂肉的状况是养鸡场的主人判断一群鸡健康与否的标准。

　　除了对疾病的抵抗能力外,母鸡们好像觉得很有诱惑力的另一个因素是公鸡的耐力。

　　在灰树蛙中,雄蛙会坐着等待好几天,它们吸引雌蛙的办法是重复一系列颤音,颤音的每一个节拍的长度和每拍之间的间隔时间都可以变化。雄蛙发出男中音乐声的时候,它们会消耗掉相当多的氧气,并使体内的能量配给水平大大降低。它们基本上会练到几近衰竭的程度,就好像雌蛙要求它们考验自己的生理极限一样。而且,雌蛙也的确喜欢这种超两栖动物的力量表演。如果可以在播放正常灰树蛙的声音的扬声器,和可以播放合成节拍,且其频率是任何真正的树蛙所能发出声音的两倍的扬声器之间进行选择,雌树蛙会一同扑向发出急促歌声的丛林深处,并找到这位深藏不露、天生异质的王子。为什么雌蛙需要其性伙伴具有如此大的耗氧能力,这一点尚不清楚。因为一只雄性树蛙对超出自身基因的繁殖活动出力不大,没有防护性的化学物质,也不负责养护幼蛙,雌树蛙依据雄蛙耐力进行选择的理由,有可能就是希望通过这种性交换把活力注入幼蛙之中。

"爱情"的结晶

　　繁殖后代是大部分动物一生中最重要的事情。一些动物会花上一个星期甚至一个月来寻找配偶和建造巢穴。如太平洋鲑鱼,会游上数千千米返回它们出生的地方产卵。大多数鸟类为了保护它们的蛋建造特殊的巢,一旦小鸟能飞了,巢常常会被抛弃。大多数动物,照顾下一代的任务都是由雌性承担,但也有一些动物,雄性也会照顾后代。例如:许多蜗牛,包括这只罗马蜗牛,将它们的蛋产在软而潮湿的土壤里。然后,它们会把蛋覆盖起来,避免食肉动物的侵袭。20～30天后,仅仅9毫米长的小蜗牛就孵出来了。

　　还有,雌性的切叶蜂会在树洞里建巢。它会用树叶做成一个"小房间",在里面加入蜂蜜并产卵,然后把"小房间"密封。如此反复,直到它的巢有10～15个这样的"小房间"。每个里面都有它的卵和为了养育后代而准备的食物。每年,太平洋的成年鲑鱼会离开海洋,回到它们出生的河床并产卵。当回到它们的诞生地后就会结成配偶并在河床上筑巢。雌鱼会产下成千上万的卵,雌鱼和雄鱼都会在产卵后不久死去,但是许多小鲑鱼将出生并返回海洋。

　　雌性的负子蜘蛛会把卵产在身下的丝囊内。它会停止进食以照顾这个丝囊,保护它不受掠食者的侵袭。当卵孵化的时候,它会咬破丝囊,以便小蜘蛛能够爬出来。

　　雌海螺会产下2000个卵囊,每个里面包含数以百计的卵。每个卵囊内,最先孵出来的10～30只小海螺会以其他的卵为食。直到它们成长到足以从卵囊内爬出来。

　　鱼类为了延续种族,繁殖力一般都很强。但由于鱼卵在天然

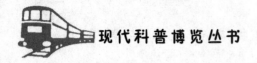

水域中常常遇到敌害的吞食和风浪的袭击,父母关照又不够,往往孵化率和幼鱼成活率都很低。为了保证幼鱼能很好地孵化和生长,有不少鱼有一种护卵的好方式,就是将卵子含在口中进行孵化,这叫"含育"。

有一种罗非鱼(又称非洲鲫鱼),当鱼卵受精后便把它们小心地含在口里孵化,靠呼吸时水流从口腔经过,保证了氧气供应充足。当仔鱼孵出后能游动时,罗非鱼才把子女从口中吐出来,但仍带在自己身边,不让远游。如遇到敌害,又迅速含入口中,一直到仔鱼能独立生活时才让离开自己。在含育护卵的罗非鱼中,含育工作不全是由雄鱼承担的,有雌鱼承担的,也有雄鱼和雌鱼共同承担的。

我国南海和印度洋一带,生活着一种叫天竺鲷的鱼,雌鱼排卵后,雄鱼便十分仔细地将卵一粒一粒纳入口中,并在口中孵化。因为所含卵块很大,所以嘴是闭不上的,这样它们十多天里都要忍饥挨饿,不能吃东西。小鱼出生后,雄鱼紧跟在左右护理,一旦遇到险情,立即张大嘴巴,让小鱼躲进口中。

这样精心护理子女,真可谓鱼类中的爱子模范。

完美的建筑师

长久以来,人们一直赞叹蜜蜂选用六角形作为构成它们蜂巢的建筑单位。一个六角形的蜂房不仅比三角形或四方形的房间藏蜜较多,而且由于它六面和邻居接触,也坚固得多。在省工和省蜡上,同样也让人叹为观止。达尔文就认为蜜蜂这种建筑是"昆虫最为奇妙的本能"。虽然蜜蜂是蜂中间最好的建筑师,但它绝对不是唯一的建筑师。胡蜂是蜂类中比较普通的一种,它们在使用纸和泥建造住所和育幼园方面的成就就一点也不比蜜蜂差。

造纸对于胡蜂而言,是个简单的过程。它们收集腐木纤维、花茎、甚至人类制造的纸和纸板,把这些东西细细嚼过,此外再加上唾液分泌物,就成了纸浆。这是一种具有高度韧性的制型纸,干了以后通常会变成灰色硬纸。一种叫做大黄蜂的胡蜂常把蜂巢筑成纸球形状,悬在树枝或是屋檐下。大黄蜂所筑的巢,蜂房都是平行的,房口朝下,所有蜂巢用纸包在一起。每次增建一个新蜂巢,总是在原有蜂巢下方,与原来的巢平行,并且总要在整个蜂巢外面包一层新纸。

长脚胡蜂也会用纸筑巢。这种常见的小胡蜂,长着纤细的腰身,通常如非黑色就是黄黑相间,在人类居住的地方数量最多。长脚胡蜂是性格最温和的胡蜂,你招惹它才会蜇你。长脚蜂的小蜂巢挂在房檐上,到了冬天,蜂后会躲在人住的房子里面过冬。春天一到,它就离开人的住所到户外去,但不会去得太远,通常就在附近的房檐上,用吐出来的粘液给蜂巢打个根基,把它粘在筑巢的地方。蜂后就在这个根基上造出一条纸绳,约有13毫米长,把纸绳的另外一端也涂上建筑根基用的那种粘液。然后它把第一组垂直的蜂房挂在纸绳上,形成一个与地面平行的蜂窝。蜂房的旁边还可以增筑更多的蜂房,蜂巢不断增长,悬挂蜂巢的支柱也不断加固,支柱的直径最后可以达到2.5厘米之多。虽然除了具有高度韧性的制型纸浆以外,长脚蜂并没有使用别的建筑材料,这些蜂巢却造得非常结实。有人试验过一个蜂巢,发现它经得住3千克的拉力。而整个蜂巢,即使在充满幼虫的时候,也不过重113克。所有的建筑材料,都是用蜂后的颚一点一滴地运到巢里来的。幼虫孵化以后,胡蜂捉些昆虫回来,把它们撕碎喂给幼虫。随着幼虫不断地成长,蜂房的纸墙也不断地加长。

涂泥蜂,从名字上就可以知道是用泥做建筑材料的胡蜂。有些涂泥蜂造了几个长管,互相紧靠在一起,因此建筑好的蜂巢就像风琴里的管子,每一支管子又分成若干节,以备产卵。有一种叫陶工蜂的涂泥蜂,喜欢在树木的细枝上,或是花茎上筑个形似泥壶的小巢。这个小小的泥壶直径只有1.3厘米,制造精巧,就像在轮子上打磨出来似的。陶工蜂的腹部长得几乎像个梨,很容易辨认,而一般的蜂连接着胸部和腹部的是一个细长的腹柄。陶工蜂通常只到一个泥坑里去取制造泥壶的原料,间或也可以见到两种颜色的泥壶,那是使用两种泥制造蜂巢的结果。尽管一只陶工蜂要出动许多次才能取得制巢所需的原料,但一只泥壶在三四个小时以内就能做好。每个泥壶是个差不多完整的圆体,除了一个细头,还有一个小小的圆嘴,整个看起来很像一个倾斜的有嘴水壶。它的外形往往非常粗糙,可是在看不见的内部,却是一个经过仔细打磨的光滑面。每个壶里都放上麻痹了的毛虫,然后产一个卵,用丝悬在壶内,接着它就把泥壶封了起来。

在干燥的光秃秃的土地上,我们常常看见一种叫掘穴钻的胡蜂,这种胡蜂属细腰蜂科,俗名爱沙蜂。爱沙蜂的标志是身体细长,通常全身黑色,只有在极其纤细的腹部尖端才有一点鲜亮的红色或橘红。爱沙蜂很能挖掘土地,它用的是两种工具:坚硬的尖嘴和它的前腿。它先是用嘴钻入土地,使它松散,然后用很像两把棕刷的前腿来把松散的泥土扒开,它总是很小心地不使穴旁显示挖掘的痕迹,它把掘出来的泥土收藏在下巴下面,然后略为飞开一点,把泥土抛在几厘米以外的地方。每挖一个洞穴,爱沙蜂都要挖掘大量的泥土,而每次飞翔只能带走一点点泥土,所以它必须飞翔无数次才能把泥土搬完,但尽管如此,它也只需要大约45分钟就可以把穴掘好。等它掘到差不多和自己身长一样的深度时,就在底部挖掘个洞,用以容纳几条毛虫和它自己的幼虫。做完这些工作,爱沙蜂随即出动寻找食物。在出发之前,它要把穴口封好,还用泥土、小石子或是木屑把它加以伪装。爱沙蜂会在穴口外面摆上碎石,还会用头当锤使用,把碎石放得牢牢靠靠。有时它竟然用两颚衔着一块石头,用它把泥土捣固,是极少会使用"工具"的昆虫之一。

犀鸟筑怪巢

提到鸟巢，人们自然会想到一些做工精细、松软舒适的漂亮小窝，雌鸟安然地伏在窝里，饿了或渴了，可自由地出入自己的"家门"。但犀鸟却不同，它的巢不仅是用最粗糙的材料筑成，而且喜欢将鸟巢封闭起来孵卵和哺育后代。

犀鸟是一种奇特的大鸟，它的形状很特别，身体特别大，通常是70～120厘米，嘴长达35厘米。犀鸟那巨大的嘴给它们带来了很大的好处。它们的主食由热带树上的果实组成，而这种果实通常摇晃地悬挂在细枝的末梢，嘴短就够不着这种果实了。另一方面，它的巨嘴还用于抵抗猴子和蛇的袭击。犀鸟的眼上有粗而长的睫毛，这在鸟类中是仅有的。脚趾扁宽，相并如掌。全身羽毛颜色多样，有黑、白、黄、橙各种颜色。最古怪的是头上有一个突起部分，叫做盔突，像犀牛角一样，故而得名"犀鸟"。盔突是犀鸟的坚强武器。

犀鸟的育儿习性很特别。每年3月，雌犀鸟经过交配阶段后，自动进入树洞中。这些洞原本就存在，而不是犀鸟自己啄成的。雌犀鸟将自己的排泄物混上腐木碎渣，由洞里推向洞口。雄犀鸟在洞外用湿土、果实残渣等，协助雌鸟把洞口封闭起来，最后只在洞口处留下一个小裂隙，便于雌鸟把嘴伸出洞外，接受雄鸟的哺喂。直到幼鸟长出羽毛，雌鸟才啄开洞口的封闭层钻出来。像犀鸟这样的古怪窝巢还是独一无二的。

在此期间，雄鸟到处奔波觅食，担负着"养家"的责任。为了多采集些食物，雄鸟还能从自己的砂囊中脱下一层壁膜，吐出来当作"食物袋"，贮存那些采集来的果实，携带起来就方便了。雌犀鸟在禁闭期间，不时打扫洞穴，将粪便等污物用嘴衔住抛到洞外,自己排粪时,就将肛门对着洞口,直接从洞口喷射出来。禁闭期间,母鸟和幼鸟都长得胖胖的,雄鸟却奔波得憔悴不堪了。

雌鸟闭门不出,就能不受干扰地致力于孵卵和哺育后代,免受蛇类、猴子等的侵害。另外,它还利用这个时期迅速换羽。由于全部翼羽和尾羽毛同时脱换,当然就不能飞行了。作为补偿,它的新羽也同时生长,几个星期后它就可以全新的羽毛而自豪了。在这期间,雏鸟已经孵化,经第一个巢居阶段后,它们的食欲大大增长,单靠"父亲"已不能喂饱它们,于是"母亲"就打碎挡墙,帮助它的伴侣为幼鸟采集食物。但母亲一打开入口,幼鸟就立刻把挡墙复原,它们甘愿在这安全的暗室里多待上几个星期,直到最后需要自由时才自己打破这堵墙。为此,它们有时还发生矛盾,因为幼雏不是在同一时间内孵出的,年长一些的急于想打开这种监牢,而年幼的还不愿意,于是就极力修补墙上出现的任何裂口。

犀鸟素来栖于密林深处的参天古木上,上面是高山峻岭,下面是湍急的溪流。它有时啄食树上的果实,有时也捕捉昆虫、爬虫、两栖类和兽类来喂养小鸟。如果到云南西双版纳去旅行,我们就会看到这些怪鸟成群地飞行。犀鸟的形体庞大,起飞时很费力气,群体飞行转移,一个个地跟随前进,鼓动几次翅膀后,就要滑翔一段,姿态很美,一眼望去,如同天空中飞着几排练队形的飞机。它们的鸣声响亮粗戾,好像犬、马嘶一般,使听到的人无不吃惊。

犀鸟约有45种,大体可分为地栖和树栖两类。地栖犀鸟只产在非洲的稀树草原地区。树栖犀鸟分布在亚、非两洲热带雨林和亚热带常绿阔叶林中,

我国有3种犀鸟:冠斑犀鸟、棕颈犀鸟和双角犀鸟。主要分布在广西南部、云南南部和西南部。

甲虫家族的家

　　甲虫家族都擅长于搓滚圆球,既可作储食之所,又可用于产卵之地,可谓一举两得。而有一种名为蜣螂的甲虫却是例外。

　　蜣螂与其他种类的甲虫一样,春天总是忙忙碌碌地在地面上推滚着一个圆球。人们一直以为球里面装的是卵子,小甲虫就是从那里面出来的。但事实上,这个圆球只不过是蜣螂的食物储藏室而已。

　　那么,这个食物储藏室是怎样做成的呢?原来,在蜣螂扁阔的头的前边,嵌有六只牙齿,排列成半圆形,像一种弯形的钉耙,可以用来挖掘和切割,收集它所中意的食物。它把收集到的材料堆成一堆,推送到四只后腿之间,再用细长而略弯的后腿将材料压在身体下面来回地搓滚,直到最后形成一个圆球。一会儿工夫,一粒小丸就渐渐滚成了核桃那么大,不久又扩大到如苹果大小。有些贪吃的蜣螂,甚至把这个球做到拳头大小。

　　食物的圆球做成后,必须搬到适当的地方去。在搬运过程中,会发生一些令人啼笑皆非的事情来。当一个蜣螂的球已经做成时,它就离开一起工作的伙伴们,把收获品向后推去,寻找适当的地点埋藏。这时,一个正要开始工作的邻居,会忽然抛下自己手头的工作,跑过来助球主人一臂之力。它的帮助按说应当是被欣然接受的,但它并不是真正的伙伴,而是一个强盗。它知道自己做成一个圆球需要付出艰苦耐心的劳动,而偷窃一个已经做好的,或者到邻居家去吃顿现成的饭,那就容易多了。

　　有的盗贼采取很狡猾的手段,甚至施用武力。有时候,一个盗贼从上面飞来,猛然将球主人击倒,自己则蹲在球上,前腿交叉在胸前,静待抢夺战的发生。如果球主人奋起抢球,这个强盗就会给他一拳,将它打得四脚朝天。两个甲虫就这样互相扯扭着,腿与腿相绞,关节与关节相缠,发出金属相锉的声音。胜利者爬到球顶上,失败者被驱逐几回后,只有跑开去重新做自己的小弹丸。

也有时候,盗贼还会耐着性子牺牲一些时间,耍出狡猾的手段来达到偷盗的目的。它假装帮助球主人搬运食物,而经过生满百里香的沙地和有较深轮印以及险峻的地方时,它用的力却很少,只是坐在球顶上闲玩。到了适宜于收藏的地点后,主人就开始用它锐利的头和有齿的腿向下开掘,而这时那贼却抱住球装死。土穴愈挖愈深,球主人陷下去几乎看不见了。即使有时到地面上来观望一下,当它看见球旁睡着的"朋友"安稳不动时,也就放心了。主人离开的时间久了,那贼就看准时机,很快将球推走。假使主人发现后追上它,它就赶快变更位置,好像只是因为球因故向斜坡滚下去了,它想阻止而已。于是两个又将球搬回,若无其事一样。假使那贼带着球安然逃走了,球主人失去了辛辛苦苦做起来的东西,只有自认晦气,重新另做圆球了。

不管怎样,蜣螂的"旅行"终会结束,它的食物也终会平安地储藏在它想储藏的地方。储藏室的位置在软土或沙土上掘成的浅穴里,面积有拳头大小,有短道通到地面,宽度恰好可以容纳一个球。食物一推进去,它就用一些废物堵塞住门口,把自己关在里面昼夜宴饮,差不多要持续一两个星期,没有间断。

既然蜣螂的卵不是产在它辛辛苦苦所做的圆球里,那么它的卵到底放在哪里呢?

实际上,蜣螂的卵产在一个外表极像小梨的东西里,一个已经失掉新鲜颜色,因腐朽而变成褐色的小梨。虽然不是精选的材料,但摸起来很坚固,样子也很好看。母蜣螂一般守护在小梨旁,而且抱得很紧,因为这是它永离地穴以前的一种结束工作。毫无疑问,这个小梨就是蜣螂的巢。小梨像它们所做的圆球一样,也是用人们丢弃在原野的废物做的,只是原料比较精细些,因为它是用来给还不能自己寻食的幼虫当食物吃的。

蜣螂的卵放在小梨较狭窄的一端。假使蜣螂的卵放在梨的最厚的部分,它就会被闷死,因为这里的材料粘得很紧,还包有硬壳,所以母蜣螂在一开始就预备好一间精致透气的小室,让幼虫舒适地居住。

小梨较宽的一头,还包上了硬壳,因为蜣螂的地穴极热,有时候温度竟达沸点,食物在这种高温下容易被烘干而作废,这可怜的幼虫就会因没有东西吃而悲惨地死去。为了减少这种危险,母蜣螂就拼命地用它强健而肥胖的前壁,磨压那小梨的外层,直至压成保护用的硬皮,用以抵抗外面的高温。

那么,蜣螂的这个梨形的巢又是如何做成的呢?

蜣螂先是收集好建筑材料,然后把自己关闭在地下,一心一意从事当前的建巢工作。材料大概是由两种方法得来的。照常例,在天然环境之下,用常法搓成一球推向适当的地点。在接近收集建筑材料的地方,还可寻到可以储藏的场所,在这种情形之下,它的工作不过是捆扎材料,运进洞穴而已。蜣螂开始仍是做成一个完整的圆球,然后环绕着球做成一道圆环,施以压力,直至把圆环压成沟漕,做成一个颈状。这样,球的一端就做出了一个凸起。在凸起的中央,再加压力,就成了一个好似火山口的凹穴,边缘很厚;凹穴渐深,边缘也就渐薄,最后形成一个包袋。包袋内部磨光以后,卵就可产在里面了。

卵产在里面约一个星期或十天之后,就孵化为幼虫,它们毫不迟延,立刻就开始吃四围的墙壁。它们聪明异常,总是从厚的部分吃起,以免弄出小孔,自己就会从小梨里掉出来。不久,它们就变得肥胖起来,形态臃肿,背上隆起,皮肤透明,如果对着光亮看,还能看见它的内部的器官呢。从目前的状况看,绝对想象不到它将来会变成一个庄严而美丽的甲虫!

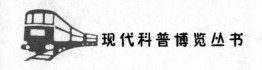
善于乔装打扮的鱼

眼睛能看到物体的范围称为视野,视野的大小以视角的度数表示。人眼垂直方向的视野为134度,淡水鲑鱼为150度;人眼水平方向的视野为154度,淡水鲑鱼为160~170度。鱼眼视野大是由于水晶体大,并且突出而能接受更大角度射来的光线的缘故。人的眼睛生长在正前方,双眼视野为120度;鱼的眼睛长在头的两侧,双眼视野仅为20~30度,或者没有双眼视野。眼长在侧面的鱼类,视觉近于平面的视野范围,因此能同时看清前后的物体。

但是,由于鱼眼不能调节,头前和身后一定区域是看不到的,也就是头前无视区较大。

由于水与空气折射率不一样,陆地上物体的光线折射入水中后,鱼眼感觉的距离比实际距离要远得多,如果物体很低,由于折射和水面的反射作用,鱼是看不到的。

由于鱼眼的水晶体呈球形,曲度又不能改变,因而大部分鱼是高度近视,一般只能看清30~40厘米远的物体,至多也不过10~20米。

生活环境不同,鱼眼的适应形式也不同。例如,生活在沿海的弹涂鱼,眼突出,角膜相当弯曲,水晶体稍扁平,视网膜上圆锥细胞多,适于离水在空气中观察物体。四眼鱼的眼球分成两部分,上部分观看空中物体,下部分观看水中物体,当它的水面游泳时,空中、水中的食饵,均逃不出它的视线。生活在深海的后肛鱼,眼呈圆筒状,像望远镜一样。生活在深海在柄眼鱼,眼窝区向外突出,变成长柄,眼睛生在柄的前端。这些都是长期适应环境的结果。

生活在热带海洋中的石斑鱼,能很快地从黑色变为白色,黄色变为绯红色,红色变为淡绿色或深褐色等,它身上的点、斑纹、带和线还能忽暗忽明。据观察,这种鱼能在极短的时间内变化出6种不同的颜色。为什么石斑鱼能迅速变换体色呢?

我们知道,鱼的色彩是由皮肤细胞的色素决定的。色素细胞共有4种,即黑色素细胞、红色素细胞、黄色素细胞和鸟粪素细胞(或称为虹彩细胞)。色素的种类和多少及色素的转化而形成了鱼的体色。另外,色素细胞的形状改变,会显出不同的色彩。色素细胞在鱼体皮肤中呈双层;上层分布在表皮下的疏松结缔组织中,下层则在皮肤的紧密结缔组织中。上层色素细胞对鱼体颜色的改变起着重要作用。

研究表明,鱼体黑色素细胞附近分布着丰富的神经末梢,神经系统控制着黑色素细胞的生理活动,同时,脑下腺分泌的激素也控制黑色素细胞的生理活动,但作用的速度比神经控制速度慢得多。黄色素细胞和红色素细胞则是由激素控制的,与神经系统无关,这两种色素细胞附近未发现神经末梢。

鱼类变色,是对环境刺激的一种反应。眼睛看到的、耳朵听到的、鼻子嗅到的以及触觉器官所感受到的刺激引起的神经冲动传至脑,促使脑相应的反应下传至一定部位,或脑下腺分泌激素传至一定部位,色素细胞得到信息分泌适量的色素。刺激不同,分泌色素种类与量就不同,从而显示出不同的体色变化。

有的鱼死后颜色有很大变化,完全不同。在罗马时代,大型宴会上常常把活的羊鱼放入鱼缸内,请客人观看它死亡过程中表现出的各种颜色。

石斑鱼和羊鱼,都是较名贵的食用鱼,在我国南海这两科鱼的种类也不少。

在大海中,生活着各种各样的鱼类,有的呈金黄色,有的呈红色,有的呈淡蓝色等等,构成了一个绚丽多彩的鱼类世界。

生活在水域中上层的鱼类,它们身体的背部呈灰黑色,腹部呈银白色。在深水处的鱼类,大多为黑色、紫色,避免鲜明的色彩

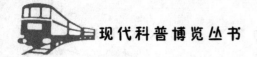

招来麻烦。生活在澄清水域中的玻璃鱼全身透明,连五脏都可以看见。生活在岩礁洞的鱼类,它们的体色变幻无穷,美不胜收。

为什么鱼儿会有各种各样的颜色?这主要与它们的生活环境有关。一般说来,生活在水域上层的鱼类,腹部是银白色的,背部呈灰色或者黑色。这一水层的环境恶劣多变,很不安宁,鱼类时常会遇到一些海鸟的袭击和同类间捕食的竞争。它们穿起灰、黑色的"衣裳",从上往下看,跟水底的颜色相似,这样就可以成为"隐身者",避免受到意外的袭击;从水下往上看,白色的鱼肚子跟天空的颜色相近,又可以迷惑水下凶猛鱼类,免遭灾难。

鱼类的各种乔装打扮,都有利于它们适应不同的生活环境,躲避灾难,保护自己。鱼从卵孵化成幼鱼,直到长大,一生中随时都在跟恶劣的环境作斗争。生存下来的鱼类之所以没有被淘汰绝种,一代一代繁衍到今天,与它们的保护色"服装"有很大关系。

"祈 祷 的 信 女"

比起蝗虫、蟋蟀那些灵活跳跃、展翅飞翔的昆虫来,行动缓慢的螳螂的确逊色多了,就是和蝈蝈相比,也显得有些笨拙,但捕捉昆虫的本领却很高明,它能巧妙地捕食蝉、蝗虫、苍蝇、蝴蝶和蚱蜢等害虫。

螳螂有一个上宽下窄的三角形的头,又细又长的颈脖,苗条的身躯披着浅色透明的长翅。螳螂的一对前足犹如刀斧手高举的大刀,所以有些地区也称它为"刀螂"。

螳螂在捕猎前,常将长臂高举在胸前,就像虔诚的教徒祈祷的模样。因此,德语把螳螂也叫做"祈祷的信女"。实际上,那种虔诚的态度是骗人的,高举着的祈祷的手臂,却是最可怕的利刃。

为了便于寻找食物,螳螂的眼睛生在三角形头部的两端,并且向外突出,这样视野就格外开阔。不过它的视力并不敏锐,它看东西无论远近总是模糊不清。螳螂对静止不动的东西是看不见的,它只能看到运动着的东西。因此,不管螳螂要捕捉的小虫是什么颜色,什么形状,行动是否灵活,只要它是个活动的,螳螂就会看到它。如果用死苍蝇喂螳螂,它是不会理睬的;但是,一只半死的苍蝇,只要挣扎一下,螳螂也会把它捉来吃掉。

螳螂捕虫时,它的三角形小脑袋不停地摇动,先瞄准,然后挥动镰刀似的前足,一跃而上,迅速扑击,前后仅有0.05秒,速度之快,实在惊人。

那么,螳螂为什么具有这种准确而又快速的扑击本领呢?原来,螳螂是靠两种器官来传递信号的,一种是复眼,另一种是颈前的几丛感觉毛。螳螂的双眼不会转动,可是它的头却能朝任何两侧方向转动。

螳螂的两个很大的复眼是视觉器官,也是特殊的传递器,它能将信号传到大脑,使头部对准搏击对象。当螳螂在跟踪猎物时,头的转动压缩着一丛感觉毛,由于形状的改变,从细毛传到大脑的是另一种信号。螳螂大脑的神经系统得到两种互有差别的信号后,立即作出决定,双臂应该朝什么方向,用什么速度去袭击。

螳螂为什么不根据一侧复眼的视觉信号去直接袭击而还要转动头部呢?科学家观察研究后发现,螳螂捕猎时,不仅要知道苍蝇所在的方向,而且还得掌握它的距离,对距离的判断就要由双目的视觉作用来完成。只有距离算准了,才能精确地命中目标。

为了便于捕捉小虫和迷惑对方,螳螂还有一套不寻常的本领,就是它的颜色会随着周围草木叶子的颜色变化。夏天草丛和树林都是绿色,这时螳螂也是绿色的;秋天叶子枯萎变黄,螳螂也就变成黄褐色了。

螳螂虽然强悍,但是它也有畏惧的强敌。某些凶猛的肉食性

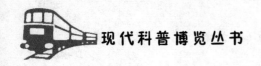

鸟类就是它的大敌；受了伤的螳螂甚至连小小的蚂蚁也无法应付。还有一种小蜂的幼虫，能寄生在螳螂的卵块里，可使卵块里的卵全部覆灭。

螳螂的食物不只是别种昆虫，它还是个自食其类者。它可以满不在乎地吃它的姊妹，好像吃蚱蜢一样。为了繁殖后代，雌螳螂甚至不得不吃掉自己心爱的丈夫。

蜥蜴的"再生"本领

如果按住蜥蜴或者是草蜥的尾巴，它们就会把尾巴弄断，然后跑掉。所以在捕捉它们的时候，必须用大拇指和食指按住后头部和脖子相连的部位，这样才能防止它们把尾巴弄断。

那么它们为什么要把自己的尾巴弄断呢？这并不是它们自己想出的一种防卫术，而是它们祖先的一种适应环境的办法，是遗传给它们的特性。当被敌害追赶的时候，如果被对方咬住了尾巴，就可用弄断尾巴的办法来保全性命，使身体的其他重要部分不受损伤而逃走。它们的尾巴被弄断了之后，还能再长出来。这在动物学上叫做"再生"。构成动物体的最小单位是细胞，有的具有再生的能力，而有的则不能再生。蜥蜴一类的动物，这种再生的能力很强，即使尾巴被切断了，也能很快地再长出来，所以过不了多久又会变得和从前一样。

和蜥蜴之类的低等动物相比，高等动物的再生能力却是很弱的。

壁虎，在北京等地方人们叫它蝎虎子。一般居住在树上和古建筑物上，特别是年久失修的建筑物上壁虎很多。它是夜行性的动物，白天很少出来活动，夜晚外出觅食。它们一发现小昆虫停着或飞过,就张口吞食。一个晚上,一只壁虎能吃掉许多小虫。壁虎虽然居住在建设物上,但对建筑物并没有什么损害。

豹纹变色龙又叫地毯或宝石变色龙,是马达加斯加岛上特有的57种变色龙之一。雄体的体色不但极美而且色彩变化多端,通常在雄体侧面有一条从颈部延伸至尾巴基部的白色线条,体色的变化由绿到橘黄或红都有,其上分布一些呈现绿、蓝、红或橘色的纵向线条,眼窝通常呈现绿或红色,有些雄体的体色呈现亮绿色,还有的是令人目眩的天蓝色,因而可称是最美丽的变色龙之一,也是宠物爱好者的最爱之一。

能够爬树的动物很多,主要靠锐利的爪。树蛙、雨蛙爬树,是靠它们的指、趾尖端吸盘里的分泌物。壁虎却不同,它能在光滑的墙壁和玻璃上爬行,主要靠前肢和后肢的指、趾。它前后肢的每一个指、趾上,都有一褶一褶的瓣,形成一条条深沟。壁虎依靠这些瓣膜,能增加指、趾与光滑面之间的摩擦,同时它还有吸附的能力,足以吸附住物体,因而它能够在光滑的墙壁或屋顶上自由地跑来跑去,甚至在玻璃上也不会滑倒。但也不是绝对不会落下来的,不过,即使它跌落下来,也不会摔死。

变色龙又叫避役。变色龙是一种能根据环境改变体色的动物,这种动物属于爬行类的变色龙科。在热带地区,大约有80多个种。最小的仅有3厘米长,而最大的则长达60厘米。所有的种类都能根据环境变换体色。

变色龙随环境变换的体色,实际上是一种保护色。因为它缺乏和敌人作战的武器,所以就形成了身体变成和环境一样的颜色的本领,从而躲避敌人的攻击。变色龙随环境而改变的体色,不仅能迷惑敌人,而且还有利于捕捉食物。当昆虫之类的东西没觉察而靠近它时,它就用长长的舌头迅速将其卷入口中吃掉。因此,变色龙的变换体色,具有两重性,既具有防御保护自己的作用,又具有进攻麻痹猎物的作用。

变色龙体色的迅速变化,在有些情况下是受光线的强弱和气

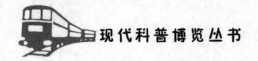
温的高低控制的,受外界的光和气温的制约,但是大多数情况下受脑的控制。就是说,大脑中枢对环境的变化做出反应后,通过神经把指令传到皮肤,体色突然改变过来,以改变肤色来逃避危险。

海龟识途

海龟分布在热带与亚热带地区的海洋里。当两栖类离开水域爬上陆地时,海龟作为卵生爬行动物早已离开水,在陆地上定居了。但其中一部分又返回了水中,这部分的后代我们称为"绿海龟","活化石"这个称号一般是指绿海龟。

绿海龟的身体长有1米多,全身的脂肪是绿色的,背面呈褐色或暗绿色,上面有黄斑,腹面黄色,头的前额上有一对额鳞,上颌天钩曲,椎骨5枚,肋骨角板4对,四脚像鳍状的足,靠它们像桨一样地在水中划动,海龟能十分灵活地游动。

海龟是用肺呼吸的,所以它每隔一段时间便要将头伸出海面来吸取空气,然后返回水中。但是,海龟即使很长时间不浮出海面,也可以呼吸到氧气,这是由于它有一种具特殊呼吸功能的"肚囊",肚囊实际上就是海龟直肠两侧的一对厚厚的囊袋,囊袋的壁上分布着许多微细血管,海龟在水中时,通过有节奏地收缩肛门周围的肌肉,使海水从肛门进入直肠和肚囊,肚囊微细血管内的红细胞从海水中直接摄取氧气,所以海龟可以长时间地待在水底下。

虽然如此,海龟仍需要离开水域,爬到岸上来生产后代。海龟每隔2~4年繁殖一次。一个产卵期可产卵3次,每次相隔两星期,每次产卵70~120枚,最多可达500枚。龟卵要在45~60天才能孵化出壳。小海龟白天隐埋在沙中,待天黑后再奔向大海,它们在旅途中不断地发育成长成熟后,竟然又会回到"故乡"去繁殖、产卵,这种奇特的本能引起了科学家的极大兴趣。海龟凭什么识路的呢?

海龟中的核皮龟,在苏里南产卵,然后经过11个月的长途旅行,横渡大南洋,返回到加纳沿岸,全程达5900千米。巴西沿岸的绿海龟为了产卵,会横渡2252千米的大洋,到南大西洋中的一个极小的大山岛——阿森匈岛的沙滩上去生儿育女,6个月后,它们再长途跋涉,返回巴西。刚刚孵化出来的幼龟,一进入大海,就能准确地游向巴西沿海。

在童话故事《小蝌蚪找妈妈》里,幼青鞋是一边在水中游,一边变形,直至变成成熟的青蛙时,才知道自己的母亲是谁,它依据的是外貌特征。而幼龟依据什么来返回故乡呢?

幼龟出生地是沙滩,它从未去过海洋。它们是依靠天体星辰或地磁来判断大海的方位,还是凭借视觉或是嗅觉功能来找到大海呢?科学家们作了种种研究。

一种研究发现,海龟的体内有一种奇妙的水下化学感受器,海龟可以靠它来感知外界的化学信息。由于海洋暖寒流的温度与浓度差异,一个特定水域中的任何一种溶于水的化学物质的浓度比起另一个特定水域来,总存在一定数量的差异。海龟就是根据这种差异来识辨道路的。人们观察到,当海龟由波涛汹涌的海中爬上沙滩时,需要把鼻子伸到潮湿的沙土中去闻一闻,似乎在证实自己是否到达了目的地。

另一种研究认为海龟的视觉系统对光信号起着正超光性反应,光是标示海洋方位的重要因子,海龟通过其正超光性行为而回归大海。

白天,海滩上的小海龟迎着太阳的方向活动;晚上,若以人工光给海龟发射光信号,海龟即朝着光信号方向移动。可见,海龟可通过视觉系统与大脑皮层对来自大海方向的光信号进行整合

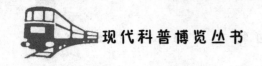

作用而确定大海的方位。

生物学家经仔细观测，发现海龟产卵的海滩地形与光照度的分布状况有密切的关系。靠海岸一边的地势较高，长有植物，光照度较差；而靠连大海一边的地形较平坦，开阔而明亮，当大海波涛澎湃时，海浪的光波会折射到海龟的视野。尤其是晚上，靠海一边的光亮度较靠岸一边更强，更易引起海龟视觉中枢神经系统的兴奋，并通过大脑皮层对海滩环境光照度的分析整合作用而判定大海的方位。

为了验证这种假设，加拿大多伦多大学的尼·莫多索夫斯基博士对刚孵出不久的小海龟做了一系列的实验。他把8只5～9日龄的绿海龟分别放在一个特别设计的实验河床中。河床是黑暗的，河床的环境温度在19℃到24℃。在河床的一端安装两块白色的光照信号板，信号板距实验海龟头端53厘米。在河床的外侧，每侧安装一个发光器。当发光器启动时，信号板上的光照度约755勒直司，依此作为海龟正超光反应行为的标准光照度，每次实验时间为60秒钟，最长时间为120秒钟，分别对河床中海龟发出光信号和间歇信号。每当信号持续达60秒时，就会发现河床中的海龟都向光信号板方向移动。如果对海龟进行间歇信号实验，闪光的总时间不到1秒钟时，海龟产生正超光行动的比例明显的增大，至60秒钟时，则与持续光信号刺激的效应相近。

若把海龟的双眼戴上不透明的蜡膜眼罩，然后，启动发光器，持续发光60秒钟，结果，没有海龟向信号板方向移动。以上实验表明：海龟对光的正超光性反应，必须通过视觉作用，在同样的光照度条件下，需达到光刺激时间的总量时才能产生正超光性反应。

在实验过程中可出现间歇闪光刺激效应不如持续光刺激的效果，尼·莫罗索夫斯基博士认为，这是由于间歇光刺激削减了总的光刺激量的缘故，因海龟对光信号的正超光性反应是以集成刺激时间的光量为基础的，为了校验这种假设，他把持续光刺激时间比间歇闪光刺激减少一半，或把间歇闪光刺激的光照和持续时间增加一倍，使持续光刺激与间歇光刺激相等，然后进行比较实验，结果，二者的正超光性反应类似。由此表明，不论是间歇闪光刺激或者持续光刺激，只要两种刺激的总光亮相同时，海龟对光信号产生的正超光性反应就相似。

另外，有人猜测海龟可能同某些回游鱼类一样，体内有着某种能利用地球重力场辨识方向的导航系统，同时能参照海流和不同时期的水温来校正航向，或者说海龟的嗅觉特别灵敏，能嗅出家乡的味道。

灵敏的侦察器

青蛙是消灭害虫的"干将"，每天能捕食70多只害虫，一个月就吃掉2000多只，千年内除了冬眠以外，就足足消灭掉各种害虫1.5万多只。

青蛙蹲在草丛里、禾苗间，鼓起一双大眼睛，一动不动，凝视着远方，一副神态自如的样子。其实，它正在严密监视着周围动静，既要伺机捕食昆虫，又要逃避天敌的袭击，极为紧张。如果突然有飞虫掠过，它骤然跃起，伸出舌头，把昆虫卷进嘴去。

青蛙为什么能这样闪电般捕食呢？因为它有一张宽阔的大嘴巴，还有长而分叉的舌头。它的舌头不是长在口腔的后部，而是长在下颌的前面，舌尖朝着咽喉。当捕捉飞虫时，它就闪电般突然向外翻伸，舌面上分泌有粘液，飞虫一碰上，就被粘住。然后，它将舌头快速翻转，飞虫也就进肚子。

历来，人们总认为，青蛙是依靠腭骨的推力翻动舌头的。最近，美国密执安大学的两位生物学家否定了这种说法。他们说，蛙舌移动是舌肌的弹力作用，因为那儿有很多强硬的纤维组织，

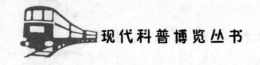

形成弹性。另一位科学家用电影摄影机拍摄实况,再通过电子计算机分析信息,得出相同的观点。这项研究结果将应用到人类医学的牙科矫形手术中。

青蛙是靠眼睛得到周围世界的信息的。科学家发现,蛙有极为复杂的视网膜。这视网膜由3层各自分开的神经细胞组成,外层是神经节细胞层,约有50万个细胞;中层是双极细胞层,约有300万个细胞;内层是感受细胞层,约有100万个细胞,它们分别执行着不同的任务。

神经节细胞的体积和结构变化更加复杂,共有4种。一种最小的细胞叫"边缘侦察器",只能感觉到比周围环境较亮或较暗物体的边缘,像树干和天空、湖岸等轮廓。较大的细胞叫"昆虫侦察器"。它只有对青草的尖端或者有弯曲边缘的昆虫等在移动时,才会理睬。还有一类细胞叫"事件侦察器",它对亮度的变化,目光的移动,光源的开启和熄灭等发生作用。还有一类细胞叫"光强减弱感受器",体积最大,数目最少,当光线减弱的时候,就会对沼泽中阴影的暗色部分作出反应。

当一只昆虫进入青蛙的视野或者猛禽的影子从眼前掠过时,这4种神经节细胞,通过长长的支线连通了许多双极细胞,形成一个巨大的网,可以从广泛的范围中收集从感受细胞传来的信号,使青蛙立即作出反应,并采取适应的行为:扑向昆虫,还是跳进安全的河水中。

青蛙只看对它有意义的事物。蛙眼把看到的事物的信号传给大脑,而大脑得到的实际上是4种图像重叠的记录,仿佛4色套印的图案那样。青蛙的眼睛看动的物体很敏锐,可对静的东西几乎视而不见。

青蛙呼吸时,鼻孔的辨膜时开时闭,下巴不停地起落颤动,颤动一停,青蛙就一跃而起,抓住昆虫。不管昆虫飞得多快,往哪个方向飞,青蛙对飞行中的昆虫看得一清二楚。由此可见青蛙"侦察器"的灵敏度是极高的。